西南民族大学教材建设基金资助出版

虚拟现实技术及应用

陈雅茜　雷开彬　编著

U0265252

科学出版社

北　京

内 容 简 介

本书是西南民族大学计算机科学与技术学院"特色专业建设"系列规划教材之一，是在多年"虚拟现实"课程、实验及综合课程设计教学改革的基础上编写而成的。全书层次清晰，结构紧凑，案例和习题丰富，教学内容涵盖了虚拟现实技术的概念、发展、软硬件平台等基础知识，同时介绍了三维建模、虚拟漫游等虚拟现实系统开发流程中的主要内容，采用3ds Max、VRP等业界流行的平台软件，在覆盖主要教学内容的同时，注重学生实践能力的培养。

本书可作为计算机及相关专业的本科、研究生教材，也可供相关专业领域技术人员参考。

图书在版编目(CIP)数据

虚拟现实技术及应用 / 陈雅茜，雷开彬编著. —北京：科学出版社，2015.5

ISBN 978-7-03-044444-8

Ⅰ.①虚… Ⅱ.①陈… ②雷… Ⅲ.①数字技术 Ⅳ.①TP391.9

中国版本图书馆 CIP 数据核字（2015）第 114388 号

责任编辑：杨 岭 李 杰 / 责任校对：杨悦蕾 李 杰
责任印制：余少力 / 封面设计：墨创文化

科 学 出 版 社 出版

北京东黄城根北街16 号
邮政编码：100717
http://www.sciencep.com

成都创新包装印刷厂印刷

科学出版社发行 各地新华书店经销

*

2015 年 6 月第 一 版 开本：B5（720×1000）
2016 年 12 月第三次印刷 印张：7 1/4
字数：150 千字

定价：29.00 元

前　　言

21世纪以来，虚拟现实技术得到了高速发展。这门学科涉及计算机图形学、多媒体技术、传感技术、人工智能等多个领域，具有很强的交叉性。虚拟现实技术被认为是21世纪发展最为迅速、对人们的工作生活有着重要影响的计算机技术之一，在教育、医疗、娱乐、军事、建筑、规划等众多领域有着非常广泛的应用前景。针对虚拟现实技术应用性很强的特点，在课堂教学中除了介绍主要的知识点以外，还应重视相关平台软件的实践操作，从而帮助学生增强实践能力。

虚拟现实技术及应用是西南民族大学计算机科学与技术学院"特色专业建设"系列规划教材之一，是在多年来"虚拟现实"课程、实验及综合课程设计教学改革的基础上编写而成的。全书层次清晰，结构紧凑，案例和习题丰富，教学内容涵盖了虚拟现实技术的概念、发展、软硬件平台等基础知识，同时介绍了三维建模、虚拟漫游等虚拟现实系统开发流程中的主要内容，采用3ds Max、VRP等业界流行的平台软件，在覆盖主要教学内容的同时，注重学生实践能力的培养。

教材共分为6章：第1章概论，系统介绍虚拟现实技术的定义、发展历史、系统组成、特性、系统分类、发展现状及应用；第2章硬件设备，介绍虚拟现实系统常见的输入及输出设备；第3章相关技术，介绍三维建模、视觉实时绘制、三维虚拟声音、物理仿真、人机交互等相关技术；第4章相关软件，介绍几何建模软件、虚拟现实基础图形库、虚拟现实三维图形引擎、虚拟现实平台软件及网络规范语言；第5章建模软件3ds Max，详细介绍虚拟现实建模软件3ds Max的使用方法，内容涵盖几何体建模、二维图形建模、材质和贴图、烘焙、灯光和摄影机等基本功能；第6章仿真平台软件VRP，介绍虚拟现实平台软件VRP，主要讨论如何从3ds Max中导出虚拟场景并在VRP中对其进行相机设置、碰撞检测、骨骼动画、环境特效、3D音效、灯光、粒子效果、全屏特效等操作。

通过本书的学习，读者可以了解虚拟现实的基本概念和知识，同时培养基本的3ds Max建模技能和VRP虚拟现实平台操作技能。

本书中部分模型由黎瑞莹同学提供，全书由雷开彬教授审校。在此我谨向他们表示最诚挚的谢意，同时也要感谢西南民族大学教材建设基金的资助，以及科学出版社各位编辑的支持与帮助，特别感谢贵社李杰编辑对本书做出的大量工作。

　　本书在编写过程中参考文献较多，未能一一列出，在此向原作者致敬。由于编者水平所限，书中难免存在不妥和疏漏之处，敬请广大读者批评指正。

编　者

2015 年 4 月于成都

目　　录

第 1 章　虚拟现实技术概论

【主要知识点】

(1)虚拟现实技术的定义。

(2)虚拟现实技术的发展历史。

(3)虚拟现实系统的组成。

(4)虚拟现实技术的特性。

(5)虚拟现实系统的分类。

(6)虚拟现实技术的发展现状。

(7)虚拟现实技术的应用。

　　虚拟现实技术是 20 世纪末逐渐兴起的一门综合性技术，涉及计算机图形学、多媒体技术、传感技术、人机交互、显示技术、人工智能等多个领域，交叉性非常强。虚拟现实技术在教育、医疗、娱乐、军事等众多应用领域有着非常广泛的应用前景。由于改变了传统的人与计算机之间被动、单一的交互模式，用户和系统的交互变得主动化、多样化、自然化，因此虚拟现实技术被认为是 21 世纪发展最为迅速、对人们的工作生活有着重要影响的计算机技术之一。

1.1　虚拟现实技术的定义

　　虚拟现实的英文名称为 virtual reality(简称 VR)。virtual 意味着用户感知到的世界并非真实的，而是由计算机技术虚拟生成的；reality 一词的含义是现实，泛指存在于真实世界中的各种事物。两个单词合起来称为虚拟现实，也叫灵境技术或虚拟环境。

　　目前尚无对虚拟现实的标准定义，现有的多种定义可分为狭义和广义两种。狭义的定义将虚拟现实技术视为一种智能人机接口。在虚拟环境中，用户可以用真实世界中的感知方式来感受计算机生成的虚拟世界，得到和真实世界中一致的感受。用户可以通过视觉、听觉、触觉、嗅觉等感官通道看到彩色的、立体的虚拟景象，听到虚拟环境中的立体声音，感觉到虚拟环境反馈的作用力，甚至闻到虚拟环境中的气味。广义的虚拟现实是对虚拟想象或真实世界的模拟，它不仅是一种人机界面，更是对虚拟世界内部的模拟。在对特定场景的真实再现中，用户通过自然方式接收虚拟环境中的各种感官刺激并加以响应，与虚拟场景中的事物发生交互，从而产生身临其境的感觉[1]。

虚拟现实技术创造的虚拟世界是三维的、由计算机生成的、存在于计算机内部的虚拟世界[2]。这种虚拟世界可以是真实世界的再现，如网上世博会展示的古代建筑；也可以是虚拟游戏等现实生活中不存在或难以实现的场景，如电影《阿凡达》中的虚拟世界；还可以是人类在真实世界中不可见的事物，如空气中的PM2.5、温度和压力的分布等。

综上所述，虚拟现实技术的定义是：采用以计算机技术为核心的现代科技手段和特殊输入/输出设备模拟产生的逼真的虚拟世界。这个虚拟世界可以是对现实世界的复制，也可以是现实世界中完全不存在的。在这个虚拟世界中，用户可以像在自然世界中一样沉浸其中，通过自由、主动的交互得到身临其境的感受。用户可以通过视觉、听觉、触觉、嗅觉等多通道感官功能看到、听到、摸到、闻到如同现实世界一样真实的场景。

1.2 虚拟现实技术的发展历史

早在20世纪50年代就有人提出了虚拟现实的构想，但由于缺乏必要的软硬件支持，虚拟现实技术在当时并未得到很大的发展。直到20世纪80年代末，随着计算机技术的迅速发展和互联网技术的普遍应用，虚拟现实技术才得到了快速发展和广泛应用。

虚拟现实技术的发展大致可以分为三个阶段：20世纪70年代以前是虚拟现实思想的产生阶段，20世纪80年代是虚拟现实技术的初步发展阶段，20世纪80年代末至21世纪初是虚拟现实技术的高速发展阶段。

1.2.1 虚拟现实思想的产生

虚拟现实思想的艺术起源最早可追溯到出现于19世纪60年代的360°大型壁画，如意大利建筑师、画家 Baldassare Peruzzi 创作的壁画 Sala delle Prospettive。

最早体现虚拟现实思想的设备当属 1929 年由 Edward Link 设计的室内飞行模拟训练器。飞行员通过模拟器进行飞行训练，获得较为逼真的飞行感受，从而在室内就能进行飞行模拟训练，弥补了传统教练机由于机翼短而不能产生足够动力的设计缺陷。

1957 年，美国科学家 Morton Heilig 建造了一个叫 Sensorama 的原型系统[3]，该系统可供 1~5 人同时观看，在播放三维动画的同时提供声、光、气味、触感等多种感知反馈，用户可以感觉到坐椅的震动及风吹头发的感觉(图 1.1)。虽然该设备不具备交互功能，但 Morton 仍被视为"沉浸式 VR 系统"的实践先驱，并于 1962 年获得专利。而后 Morton 又设计了 Sensorama 的改进版：可供多人同时观看的 Experience Theater。

图 1.1　Sensorama

1965 年，美国科学家 Ivan E. Sutherland 在 *Ultimate Display*[4]（终极显示）一文中首次提出了具有交互图形显示、力反馈(force feedback)设备及声音提示的虚拟现实系统的基本思想：终极显示通过计算机技术控制虚拟空间内的所有事物，空间内的一切事物都是可以感知的。若要对真实世界进行计算机模拟，除视觉外，系统还需要提供尽可能多的感官通道，如听觉、味觉、嗅觉、触觉等。显示内容应随着用户视线的改变而及时更新，用户可以通过手等身体部位与虚拟世界进行交互。除了以上提到的能为用户提供逼真感受的技术外，该文还指出计算机技术可以生成真实世界里不存在的景象，例如透明化操作可以生成人们肉眼无法看到的固体透视现象。在相应技术的支持下，虚拟现实技术可以使爱丽丝漫游的仙境变为现实。该论文被公认为虚拟现实发展史上的里程碑，因此 Ivan E. Sutherland 被称为虚拟现实技术之父。

1967 年，美国北卡罗来纳大学的"Grup 计划"开展了力反馈系统的研究。该设备将物理压力通过接口传给用户，形成一种仿真力的感受。

1968 年，Ivan E. Sutherland 成功研制出了世界上公认的第一台头盔式立体显示器(helmet mounted display，HMD)[5]。该设备提供立体图像和力反馈系统，但由于太重，只能悬挂在天花板上使用。

1973 年，Myron Krueger 提出了 artificial reality(人工现实)的概念。

1977 年，麻省理工学院(MIT)研发了世界上第一代多媒体和虚拟现实系统 Aspen Movie Map。该系统实现了科罗拉多州 Aspen 市的虚拟漫游，能看到冬季和秋季不同的景色，还可以在部分建筑物内部进行漫游。同年，在 Dan Sandin、Tom DeFanti 和 Rich Sayre 的共同努力下，世界上第一个数据手套 Sayre Glove 诞生了。该设备利用检测器测量因手部运动而产生的光纤变形，从而检测出手指的弯曲程度。

1.2.2　虚拟现实技术的初步发展阶段

20 世纪 80 年代是虚拟现实技术的初步发展阶段，一些基本概念开始成形，很多早期的应用系统也陆续出现。

20 世纪 80 年代初，考虑到训练设备昂贵、实战训练危险等因素，美国国防高级研究计划局(DARPA)主持开发了实时战场仿真系统 SIMNET(simulator networking)[6]。该系统将物理位置不同的军事设备和用户通过网络相连，进行分布式多用户远程虚拟战场训练。

从 20 世纪 80 年代开始，美国国家航空航天局(NASA)和美国国防部开始了虚拟现实领域的一系列研究，取得了很多重要的研究成果。

1984 年，NASA Ames 研究中心(ARC)虚拟行星探测实验室在火星探测器发回数据的基础上，利用虚拟视觉显示器构造出了火星表面的虚拟世界。在随后的虚拟交互环境工作站项目 VIEW(virtual interactive environment workstation)中，该小组研发出基于多传感器的个人仿真及遥控设备，用户可以通过手势或语音控制虚拟环境。

20 世纪 80 年代中期，Myron Krueger 创建了 VIDEOPLACE 虚拟现实实验室，通过投影仪、摄像头、显示器等硬件设备创建一个环绕用户的交互环境。该环境可迅速对用户行为做出反应，并支持不同房间内工作人员的虚拟交互。

1986 年，Furness 提出了虚拟工作站(virtual crew station)的概念。*Virtual*

Environment Display System（虚拟环境显示系统）[7]一文提出了基于多传感器的交互显示环境。用户可在虚拟环境中自由漫游，并和其中的事物进行交互。

1987 年，Foley 在 *Interfaces for Advanced Computing*[8]（先进计算接口）一文中讨论了下一代超级计算机在支持人工现实和人机交互方面的重要作用。

1989 年，美国 VPL 公司创始人之一的 Jaron Lanier 提出了 virtual reality 一词。

1.2.3　虚拟现实技术的高速发展阶段

20 世纪 90 年代开始，计算机软硬件技术的不断进步迅速推动了虚拟现实技术的发展，各种新颖的输入/输出设备不断涌现，大量应用系统也陆续投入使用。

1993 年，波音公司在一个由数百台工作站组成的虚拟世界中设计出了由 300 万个零部件组成的波音 777 飞机。

1996 年，世界上第一个虚拟现实技术博览会在伦敦开幕。全世界范围内的与会者在 Internet 上访问虚拟展厅和会场，从不同角度和距离浏览展品。

1996 年，世界上第一个虚拟现实环球网在英国投入运行。用户可以通过 Internet 虚拟漫游一个拥有超市、图书馆、大学等设施的超级城市。

虚拟现实技术是信息处理技术继文字处理后的又一次飞跃，有很高的科研价值和实用意义，可以广泛用于教育、设计、军事、娱乐等众多领域。

1.3　虚拟现实系统的组成

典型的虚拟现实系统由计算机、输入/输出设备、应用软件和虚拟环境数据库组成。

（1）计算机。计算机是整个虚拟现实系统的核心，负责虚拟世界的生成、各种应用软件的装载和运行等。虚拟现实系统计算量大，对计算机性能有很高的要求。随着处理器、图像显示技术和数据通信技术的进步，出现了处理速度快、精度高的计算机系统，通常可分为个人计算机、图形工作站及超级计算机。

（2）输入/输出设备。为了满足用户的自然交互需求，虚拟现实系统中一般没有配置键盘、鼠标等传统交互设备，而是使用特殊的输入/输出设备以获取实时用户需求并做出相应反馈。常用的交互设备有三维鼠标、数据手套、力反馈系统、头盔式显示器等。

（3）应用软件。虚拟现实系统中的应用软件主要负责人机交互功能，确保用户和虚拟世界的自然交互，具体任务包括虚拟环境的创建、立体语音合成、空间定位等。

（4）虚拟环境数据库。虚拟环境数据库主要存储虚拟世界中所有事物的相关信息，如虚拟物体的几何模型、物理模型、实时捕捉到的相关参数等。通常系统只加载用户可见部分，其余数据保存在磁盘上，待需要时再加载至内存。

在一个典型的虚拟现实系统中，用户使用的交互设备有头盔式显示器、耳机、话筒、数据手套等。首先由计算机生成一个虚拟世界，该虚拟世界通过头盔式显示器加以立体显示。激活各种输入设备后，用户可以通过肢体运动、说话等方式与虚拟世界进行交互，计算机根据传感器捕捉到的用户交互数据对虚拟场景进行更新，并将反馈信息传给相应的输出设备，从而使用户得到多感官通道上的反馈效果。例如，三维跟踪系统根据用户头部的移动情况实时更新显示场景，基于手势的交互系统根据识别到的用户手势实现相应物体的抓取效果。

1.4　虚拟现实技术的特性

在 *The Metaphysics of Virtual Reality* 一书中，Michael Heim 提出了虚拟现实的 7 大特性[9]：仿真（simulation）、交互（interaction）、人工（artificiality）、沉浸感（immersion）、远程监控（telepresence）、体感沉浸（full-body immersion）和网络通信（network communication）。

虚拟现实系统允许用户和虚拟世界进行自然交互，通过视觉、听觉、触觉、嗅觉等多感官通道的反馈令用户产生身临其境的感受。因此交互性和沉浸感是虚拟现实系统的两大基本特性。虚拟现实系统为设计、教育、医疗、军事等诸多领域提供了解决方案。这些应用方案的可用性很大程度上取决于使用者的想象力，因此想象力也是虚拟现实系统的一大特性。美国科学家 G. Burdea 和 P. Coiffet 提出了 3I 特性[10]（图 1.2），认为交互性、沉浸感和想象力是虚拟现实技术的三大突出特性。

图 1.2　虚拟现实技术的 3I 特性

1. 交互性

虚拟现实系统中的人机交互和传统计算机系统有所不同。在传统系统中，用户通过键盘和鼠标与计算机进行一维或二维的交互。而虚拟现实系统的用户可以通过行走、说话等方式和虚拟世界进行自然交互。

(1)用户的主动性。用户是虚拟现实系统中非常重要的因素。传统多媒体系统中的场景是预先设定、不可更改的，用户只能在其中漫游而无法进行实时修改。在虚拟现实系统中，用户由被动参与变为主动影响，其所看到的场景会根据用户交互进行实时更新。

(2)交互的自然度和真实感。用户可以通过自然交互在虚拟世界中进行各种活动，得到各种逼真的感受，理想的虚拟现实系统能让用户感受不到计算机的存在。因此，交互的自然度和真实感是衡量虚拟现实系统用户满意度的重要指标。

(3)交互的实时性。在虚拟现实系统中，用户对看到的、摸到的、闻到的各种事物做出交互动作，系统随之产生实时反馈效果。例如，虚拟场景随着用户头部的移动而实时更新。实时性是影响虚拟现实系统逼真程度的重要因素。

2. 沉浸感

在虚拟现实系统中，用户的一举一动都会对虚拟世界产生影响，同时，用户能感受到各种逼真的感觉，如灯光、音效、触觉等，从而产生一种被虚拟世界包围、完全融入其中的感觉，即沉浸感。虚拟现实系统的沉浸感来源于系统能为用户提供的各种感官反馈。目前较为成熟的感知技术主要有视觉沉浸、听觉沉浸、触觉沉浸、嗅觉沉浸等。

(1)视觉沉浸。为保证逼真的视觉效果，虚拟现实系统必须满足一定的硬件要求。例如，必须提供足够大的视场(field of view，FOV)以保证用户目光所及之处均被虚拟场景所覆盖，提供有视差(parallax)的图形以形成立体显示效果。虚拟场景中物体的渲染也是保证视觉沉浸的重要手段。例如，几何模型的精细程度、纹理贴图、灯光、阴影都可以增强虚拟物体的立体感，同时，精确的碰撞检测机制能保证正确的运动碰撞效果。

(2)听觉沉浸。与来自平面的普通立体声不同，三维虚拟音效能让用户感觉到来自环绕双耳的球体声源，从而增加了声音的立体感。虚拟现实系统中视觉和听觉的结合可以显著提高系统的沉浸感。例如，两物体发生碰撞时，除了产生正确的视觉碰撞效果外，系统还可通过立体碰撞声来提高碰撞的真实感。

(3)触觉沉浸。由于虚拟物体没有真实的触感，因此必须借助力反馈系统等特殊设备实现其触觉感受。例如，在虚拟装配系统中，当用户尝试扭紧一个虚拟螺丝时能通过力反馈感受到不断增大的阻力。

(4)嗅觉沉浸。在多感知虚拟现实系统中，用户不仅能听到鸟语，还能闻到花香。嗅觉和视觉、听觉的融合更能增强用户的多感官感受。目前一些虚拟现实影院已经实现了基本的嗅觉沉浸，可以随着电影场景的变化释放不同的气味。

除以上提到的视觉、听觉、触觉和嗅觉外，味觉、身体感觉等其他感知系统也正在研究之中。随着人们对沉浸原理认知的不断深入，相信沉浸感更强的虚拟现实系统很快将会出现。

3. 想象力

虚拟现实技术为众多应用问题提供了崭新的解决方案，有效地突破了时间、空间、成本、安全性等诸多条件的限制，人们可以去体验已经发生过或尚未发生的事件，可以进入实际不可达或不存在的空间。

用户沉浸在虚拟世界中，依靠自身的知识和经验，主动积极地进行探索，创造性地找到新的解决方案。因此，虚拟现实系统的用户需要具有一定的想象力，同时系统也应为用户想象力的发挥提供相应的平台。

1.5　虚拟现实系统的分类

根据交互性和沉浸感，可将虚拟现实技术分为桌面式、沉浸式、增强式和分布式 4 种类型。

1.5.1　桌面式虚拟现实系统

在桌面式虚拟现实系统[11](desktop VR)中，用户佩戴立体眼镜查看显示在个人计算机屏幕上的虚拟场景，由此产生一定程度的沉浸感(图 1.3)。用户通过三维鼠标、数据手套等设备和虚拟世界进行交互。

图 1.3　桌面式虚拟现实系统

　　桌面式虚拟现实系统的硬件成本较低,但沉浸感不高,一般适用于起步阶段的虚拟现实研究工作。

1.5.2　沉浸式虚拟现实系统

　　沉浸式虚拟现实系统(immersive VR)通常采用高分辨率立体投影和三维计算机图形技术,为用户提供一个房间大小的、高度沉浸的虚拟空间(图 1.4)。用户利用空间位置跟踪器、数据手套、三维鼠标等设备进行交互,从而产生身临其境的感受。由于允许多人同时使用,因此该类技术现已成为最常见的沉浸式空间展示技术。根据沉浸程度可以将该类系统分为洞穴显示(CAVE)[12]、大屏幕三维立体显示、墙面显示、柱面显示、球面显示、板块显示 6 类。

图 1.4　沉浸式虚拟现实系统 Fakespace Cave

　　和桌面式虚拟现实系统相比,沉浸式虚拟现实系统硬件成本相对较高,封闭的虚拟空间能提供高度沉浸的用户体验,适用于模拟训练、虚拟医学等领域。

1.5.3　增强式虚拟现实系统

桌面式和沉浸式虚拟现实系统将用户和真实世界分隔开来，特别是在沉浸式虚拟现实系统中，用户处于系统产生的虚拟世界，和真实世界完全分离。为了更好地提供真实感受，增强式虚拟现实系统将真实世界和虚拟世界混合起来，用户能看到真实世界及叠加其上的虚拟事物，可以同时和真实或虚拟事物进行交互，因此也叫增强现实(augmented reality)或混合现实(mixed reality)[13]。

目前，虚拟设计是增强现实技术的常见应用之一。例如，在虚拟设计中可以任意改变墙壁、家具的颜色或增加窗帘、挂件等虚拟装饰物；在虚拟穿衣系统中，用户可进行衣物的任意搭配并在试衣镜中看到虚拟穿衣效果[14](图1.5)。

图 1.5　虚拟穿衣系统

1.5.4　分布式虚拟现实系统

近年来，随着网络技术的高速发展，虚拟现实系统的深度和广度得到了革命性的拓展，出现了分布式虚拟现实系统。该系统将物理位置不同的多个用户或多个虚拟世界通过网络技术相连，使多个用户可以同时参与到同一虚拟环境中，从而实现计算机支持的协同工作(computer-supported collaborative work，CSCW)。目前，该类技术多用于远程协同设计、网络会议、网络游戏等应用领域。

1.6　虚拟现实技术的发展现状

　　虚拟现实技术是计算机图形学、三维显示技术、传感器技术、建模语言等多项技术综合发展的结果。它在医学、教育、设计、军事等诸多领域有着广泛的应用价值，会影响人际交流、认知等人类行为，从而为人类生活带来巨大的影响[15]。虚拟现实技术有着广阔的发展前景，各国都在积极进行相关研究。目前在虚拟现实技术方面领先的有美国、德国、英国、日本等国家。我国最早开展虚拟现实研究的有浙江大学、清华大学、北京航空航天大学、中国科学院等科研院校。

1.6.1　国外研究现状

1. 美国

　　美国是最早进行虚拟现实理论和应用研究的国家，其研究水平一直处于世界前沿。很多关于虚拟现实的术语和理论是由美国科学家提出的，很多虚拟现实硬件设备也来自美国。

　　从 20 世纪 80 年代开始，NASA 和美国国防部就开始了虚拟现实技术的研究工作，取得了一系列显著的研究成果，其中最具代表性的有虚拟交互环境工作站项目 VIEW、用于远程虚拟战场训练的实时战场仿真系统 SIMNET 等。美国北卡罗来纳大学是最早进行虚拟现实研究的高校，其主要研究成果覆盖航空驾驶、建筑仿真等领域。MIT 在虚拟现实方面也有着明显的优势，主要研究项目包括人工智能、计算机图形学等。

2. 欧洲

　　在欧盟科研基金支持下，包括英国、德国在内的欧洲各国进行了多项虚拟现实应用项目的研发。

　　英国在虚拟现实的理论研究和实际应用方面均位居欧洲前列，世界上第一个虚拟现实技术博览会和第一个虚拟现实环球网都诞生于英国。

　　德国计算机图形研究所和计算机技术中心是德国先进的虚拟现实研究团体，主要研究领域包括虚拟环境显示技术、远程控制系统、分子建模等。

3. 亚洲

日本、韩国、新加坡的虚拟现实研究处于亚洲领先水平。

日本在虚拟现实游戏方面处于世界一流地位。著名的世嘉(Sega)公司和任天堂(Niniendo)公司的多个虚拟现实游戏在游戏产业占有很重的市场份额。奈良尖端技术研究院在嗅觉沉浸方面做出了重要突破,其开发的嗅觉模拟器可以模拟水果香味。

1.6.2　国内研究现状

我国虚拟现实研究始于 20 世纪 90 年代初,和发达国家相比起步较晚。由于虚拟现实技术具有重要的科研意义和广泛的应用价值,因此得到了国家有关部门的大力支持。

浙江大学计算机辅助设计与图形学(CAD&CG)国家重点实验室[16]主要探索虚拟环境的真实感知及虚实环境融合的一致性理论与方法,研究虚拟环境构建、绘制、显示、人机交互、增强现实等虚拟现实关键技术,研发混合现实基础支撑平台,结合数据管理和可视分析等技术,实现在文化娱乐、智慧城市、国防安全、装备制造等领域的应用。重点研究项目包括虚拟环境的高效构建和呈现、自然人机交互技术、增强现实技术、虚拟现实应用等。

北京航空航天大学虚拟现实技术与系统国家重点实验室[17]主要研究方向有虚拟现实中的建模理论与方法、增强现实与人机交互机制、分布式虚拟现实方法与技术、虚拟现实的平台工具与系统。实验室重视自主研制实验设备,已研制完成了分布交互仿真应用程序开发与运行平台、实时三维图形平台、多种虚拟飞机座舱系统等若干支撑虚拟现实理论与技术研究的硬件设备和软件平台。开发实现了一批应用系统,如仿真训练系统、北京奥运会开幕式创意逼真演示环境、数字博物馆等。

1.6.3　存在问题及发展方向

虚拟现实技术从诞生至今不过短短几十年的时间,虽然在理论基础和应用实例方面都得到了长足的发展,但综合来看尚处于初级阶段,很多理论问题和应用难点尚未得到有效解决。

从理论方面来看，目前大多数研究都集中在自然人机接口方面，而对于人类感知系统等深层次的理论问题的认知还很不完善。现有技术在视觉、听觉和触觉方面已取得了一定的研究成果，但对于嗅觉、味觉、体感等感知系统的认知还处于初级探索阶段。因此，未来的虚拟现实技术应在人类感知系统原理方面进行深入研究，为应用系统的交互性和真实感提供可靠的理论依据。

从应用方面来看，现有虚拟现实硬件普遍造价高，设备局限性大，并且在性能方面还有待提高。现有虚拟现实软件普遍存在通用性差、移植性差等问题，软件的开发成本较高且受具体应用环境限制。虽然虚拟现实技术已大量应用于军事、教育、设计等领域，但和理想的虚拟现实系统还有一定差距，特别在交互性和沉浸感方面还有待提高。因此，虚拟现实技术应关注造价低、性能高的硬件设备的研发，开发更为高效的新型建模语言和场景绘制技术，并在自然人机交互方面进行重点研究。

1.7　虚拟现实技术的应用

目前，虚拟现实技术在军事、航空、教育、娱乐、工业设计、医学等领域有着众多的应用系统，就功能而言可大致分为教育培训、设计规划和文化娱乐三大类。

1.7.1　教育培训

1. 军事演习

虚拟现实技术最早应用于军事领域，目前军事训练和演习依然是虚拟现实技术最为成熟的应用领域。

美国国防部早在 20 世纪 80 年代就开始了虚拟现实系统的研发，其中 SIM-NET 是典型的虚拟战场系统。该系统为参训者生成逼真的三维虚拟场景，可以实施单兵或团体的仿真演习训练，能显著降低演习成本和人员伤亡率。

2. 技能培训

在飞行训练、医学手术、机床操作等实际应用中经常需要操作造价昂贵的仪器，虚拟学习系统不仅降低了训练成本，还可以避免由于误操作造成的仪器损坏或人员伤亡等不良后果。

　　航空培训耗资巨大,利用虚拟现实技术进行模拟训练可以降低训练成本,确保人身安全。图1.6展示的是由大连海事大学研制的航海模拟器[18]。

图1.6　航海模拟器

3. 虚拟学习

　　结合虚拟现实技术的电子学习(E-learning)系统可以使复杂的理论教学变得直观生动,还能激发学生的学习兴趣。

　　浙江大学CAD&CG国家重点实验室的E-Teatrix系统[19]能让儿童创造故事并在交互式虚拟环境中扮演自己喜欢的角色。该系统能提高儿童的创造力和团队合作精神,是对课堂教学的有益延伸。目前很多高校都开发了虚拟校园漫游系统,以帮助学生特别是新生熟悉校园环境,尽快融入校园生活。

4. 特殊人群教育

　　特殊人群的教育和康复训练一直是特殊教育和医疗事业关注的焦点。在注意力缺陷障碍诊断中可以利用虚拟现实技术控制虚拟教室中的噪声,从而实现缺陷儿童的快速识别[20]。虚拟现实技术还可以有效地应用于自闭症治疗、脑损伤的认知评估和康复,以及帮助弱智患者增强认知能力和生活技能[21]。

　　由中国科学院计算技术研究所智能人机交互课题组研制的中国手语合成系统用三维虚拟角色任意演示用户指定的中国手语,对推广规范的中国手语、进行聋健间无障碍交流、改善聋人教育环境和生活质量有着重要意义。

1.7.2　设计规划

虚拟现实技术大量应用于建筑设计和工业设计中。和传统设计方法相比，基于虚拟现实技术的新一代设计方法可以方便设计师修改参数，进行灵活的设计调整，减少原型设计和生产过程中的重复工作量，缩短产品开发周期。

以虚拟建筑设计为例，设计师可以实时改变建筑材质、建筑高度和方位，调整光照度及角度等，使得最终效果能满足客户需求。同样的设计理念也出现在飞机模型设计、汽车设计等工业设计领域。

城市规划与仿真是虚拟现实一个重要的应用方向。美国 UCLA 城市仿真小组从 20 世纪 90 年代中期开始致力于城市仿真研究，迄今为止已完成了十多个城市的仿真，其代表项目为"虚拟洛杉矶"。

1.7.3　文化娱乐

随着经济的发展和生活水平的提高，人们的文化娱乐需求不断增大，刺激了虚拟现实技术在文化娱乐产业特别是游戏业中的产业化发展。虚拟现实技术为玩家创造一个虚拟游戏环境，玩家和游戏角色融为一体，通过头盔式显示器和数据手套等交互设备操控角色，从而得到逼真的游戏感受。

常见的体感交互设备有任天堂公司的 Wii[22] 以及微软公司的 Kinect[23]（图 1.7）。Trimersion[24] 是一款虚拟现实游戏头盔，是目前市场上第一款针对家用游戏的 360°头部跟踪设备，可以根据玩家在虚拟环境中的视点和位置来控制游戏。

（a）任天堂公司的 Wii

（b）微软公司的 Kinect

图 1.7　体感交互游戏

因为虚拟现实技术可以逼真还原不可再生的事物，所以在古迹保护和复原方面有着重要的促进作用[25]。它可以实现濒危文物的数字化保存和展示，并可利用这些数据来提高文物修复的精度，缩短修复工期。

武汉大学的古建筑群三维虚拟现实系统 Multigen 实现了三维重现、漫游浏览、数据查询、分析比较等功能[26]。以上这些系统在中国传统文化保护方面有着重要的应用意义。

习　　题

（1）什么是虚拟现实技术？

（2）虚拟现实系统一般由哪几部分组成？各有何作用？

（3）简述虚拟现实系统中常见的输入/输出设备的作用。

（4）虚拟现实技术有几个基本特性？你认为其中哪几个特性最为重要？

（5）虚拟现实技术和传统三维动画技术有何差别？

（6）虚拟现实技术会对我们的工作和生活产生什么样的影响？

（7）查找分布式虚拟现实系统实例并加以说明。

（8）除聋人用户以外，虚拟现实技术还能帮助哪些特殊人群改善他们的教育和生活质量？请举例说明。

（9）查找两个虚拟现实技术在游戏产业中的应用实例。

（10）举例说明你亲身感受过的虚拟现实技术。

参 考 文 献

[1] 庄春华，王普. 虚拟现实技术及其应用. 北京：电子工业出版社，2010.

[2] 胡小强. 虚拟现实技术基础与应用. 北京：北京邮电大学出版社，2009.

[3] Inventor in the Field of Virtual Reality. http：//www. mortonheilig. com/InventorVR. html ［2015-4-22］.

[4] Sutherland I E. Multimedia：From Wagner to virtual reality. The Ultimate Display，1965.

[5] Sutherland I E. A Head-mounted Three Dimensional Display. Fall Joint Computer Conference，1968：757-764.

[6] Miller D C. The Advent of Simulator Networking. In Proceedings of the IEEE(Volume：83，Issue：8)：1114-1123.

[7] Fisher S S，McGreevy M，Humphries J，et al. I3D'86 Proceedings of the 1986 workshop on Interactive 3D graphics. Virtual environment display system：77-87.

［8］ Foley J D. Interfaces for Advanced Computing. Scientific American，1987，257(4)：35-126.

［9］ Heim M. The Metaphysics of Virtual Reality. Oxford：Oxford University Press，1993.

［10］ Burdea G，Coiffet P. Virtual Reality Technology. Presence：Teleoperators &. Virtual Environments. Cambridge：MIT Press，2003.

［11］ 虚拟现实项目. http：//sci. souvr. com/solution/vr/list _ 1. html ［2015-4-22］.

［12］ Frank. Fakespace Cave 立体、洞穴式虚拟现实展示系统. http：//www. lon3d. com/vr168/projector/ 201003/4098. shtml ［2015-4-22］.

［13］ 申蔚，曾文琪. 虚拟现实技术. 北京：清华大学出版社，2009.

［14］ 虚拟穿衣镜. http：//news. xinhuanet. com/2013-05/10/c _ 124691795. htm ［2015-4-22］.

［15］ Cline，Stephenson M. Power，Madness，&. Immortality：the Future of Virtual Reality. http：//virtual reality. universityvillagepress. com 2005［2015-4-22］.

［16］ 浙江大学计算机辅助设计与图形国家重点实验室. http：//www. cad. zju. edu. cn/zhongwen. html ［2015-4-22］.

［17］ 虚拟现实与系统国家重点实验室. http：//vrlab. buaa. edu. cn/ ［2015-4-22］.

［18］ 大连海事大学大型船舶操纵模拟器. http：//msclab. dlmu. edu. cn/index. htm ［2015-4-22］.

［19］ 朱朝晖，潘志庚，唐冰，等. E-TEATRIX 中虚拟人物及情绪系统构造. 第一届中国情感计算及智能交互学术会议论文集. 2003.

［20］ 李涛. 虚拟现实技术在心理治疗中的应用. 中国临床心理学，2005，2：244-246.

［21］ 柳菁. 虚拟现实技术应用于心理治疗领域的最新进展. 心理科学，2008，31(3)：762-764.

［22］ Wii. http：//www. nintendo. co. jp/wiiu/hardware/index. html ［2015-4-22］.

［23］ Kinect. http：//www. microsoft. com/zh-cn/kinectforwindows/［2015-4-22］.

［24］ Trimersion. http：//www. ign. com/articles/2007/04/04/trimersion-virtual-reality-review ［2015-4-22］.

［25］ 孙悦，鲍泓，马楠. 中国古建筑虚拟现实系统的数据采集和处理. 北京联合大学学报(自然科学版)，2008.

［26］ 郑淳，尚涛. Vega Prime 环境下的古建筑虚拟现实系统. 武汉大学学报(工学版)，2006.

第 2 章　虚拟现实系统的硬件设备

【主要知识点】

(1)虚拟现实系统的输入设备。

(2)虚拟现实系统的输出设备。

由于虚拟现实系统允许用户通过自然动作和虚拟世界进行交互,传统的键盘鼠标等设备显然不能满足自然交互的需求,因此虚拟现实系统通常要使用一些特殊的硬件设备,才能让用户通过视觉、听觉、触觉、嗅觉等多种感官感受到逼真的虚拟世界。根据功能的不同,可以将虚拟现实系统的硬件设备分为输入和输出两大类。其中,常见的输入设备有数据手套、数据衣、三维鼠标、三维扫描仪等,常见的输出设备则包括头盔式显示器、力反馈系统等。

2.1　虚拟现实系统的输入设备

2.1.1　数据手套

键盘、鼠标等传统输入设备具有价格低、易操作等优点,但操作方式非常受限,手部的自由度也较低。数据手套(data glove)的出现使得用户可以通过自然的手势和虚拟世界交互,从而增加了用户体验的真实感和自由度。另外,数据手套还具有体积小、重量轻、操作简单等特点,因此得到了广泛的应用。

数据手套是一种戴在用户手上的传感装置,图 2.1 所示的是 5DT 公司的 Data Glove Ultra 数据手套[1],每个手指部位有两个弯曲传感器检测手指的弯曲程度,再配合三维位置传感器检测手的空间位置,可以实现基于手势的虚拟动作。

根据传感器数量的不同,可以将常见的数据手套分为 5 传感器、14 传感器、

18 传感器、28 传感器等类型。图 2.1 所示的数据手套属于 14 传感器类型。根据传感器类型可以将数据手套分为光纤传感器数据手套和应变片电阻传感器数据手套。

和常见的数据手套不同，图 2.2 所示的 Shape Hand Plus[2] 数据手套没有将传感器固定在手套上，而只是将其与手套相连，这样可以很好地适应不同的手型。

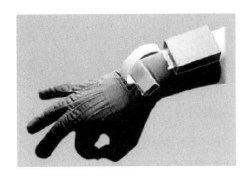

　图 2.1　Data Glove Ultra 数据手套　　　　　图 2.2　Shape Hand Plus 数据手套

除以上介绍的基于传感器的数据手套外，还有一类带有触觉反馈功能的数据手套。该类设备通过力反馈系统使用户得到振动等触觉感受，因此也被称为力反馈数据手套。常见的产品有 X-IST、Shadow Dextrous Hand 等。

2.1.2　数据衣

数据衣(data suit)可以实现对全身运动的识别。同数据手套的原理类似，该设备将大量传感器配置在紧身衣上，通过对四肢、腰部、各关节等人体部位进行检测，实现用户运动轨迹的跟踪和记录。目前数据衣已大量应用于虚拟游戏、电影特效等商业领域。图 2.3是一套 Xsens MVN 数据衣[3]，采用了 16 个微型惯性运动传输传感器，可以进行 6 自由度(3 个平移参数、3 个旋转参数)的人体动作捕捉，无需外部照相机和发射器等装置，避免了信号阻挡或标记物丢失而造成的误差，同时也降低了外接线路对用户行动的限制。

图 2.3　Xsens MVN 数据衣

2.1.3　三维鼠标

三维鼠标放在桌面上和标准的二维鼠标无异，离开桌面后通过安装在鼠标内部的超声波或电磁发射器及基座上的接收器可以检测鼠标的空间位置，完成 6 自由度的鼠标交互。

图 2.4 所示的 SpaceMouse Pro Wireless 三维鼠标采用 3Dconnexion 六自由度传感器和 2.4GHz 无线技术，支持双手工作方式进行 3D 导航，提供 15 个可编程按键，可以代替键盘上的 Ctrl、Shift 等键，从而减少手移动到键盘所花费的时间。在近期举办的 SXSW 2013 大展上[4]，德州仪器展示了一款新型鼠标样品，内置有加速度传感器，可以感知 X、Y、Z 三轴的位移。用户不需要任何介质便可悬空操控鼠标，被称为"真三维鼠标"。

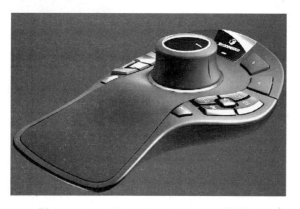

图 2.4　SpaceMouse Pro Wireless 三维鼠标

空间球(space ball)适用于 6 自由度的虚拟场景，可以实现对三维物体不同角度的观察和操控，也可以作为三维鼠标使用。用户可对其实施挤压、旋转等操作，球中心的张力器检测出手施加的力并将其转化为 3 个平移参数和 3 个旋转参数传回计算机。通过和传统鼠标相结合可以实现双手交互：用户可以一只手控制平移、缩放、旋转等操作，另一只手用鼠标进行选择、编辑等。

2.1.4　三维扫描仪

三维扫描仪(3D scanner)是一种先进的三维建模设备，可以将实际物体的空间信息转换为计算机能直接处理的数字模型。由于三维扫描仪可以显著降低手动建模的成本和误差，特别适用于不规则的三维模型，因此在三维建模方面有着重要的应用价值，现已广泛应用于工业设计、文物保护、游戏开发等众多领域。

三维扫描仪扫描的是物体表面每个采样点的三维空间坐标，输出的是包含物体表面每个采样点的空间坐标和色彩信息的数字模型文件，可以直接导入 AutoCAD、3ds Max 等建模软件。根据工作原理可以将三维扫描仪分为接触式和非接触式两种，另外还有一类基于机器视觉的三维扫描仪。例如，用相机拍摄多张光照不同的照片，利用光学原理综合多张照片中的光学模型计算出物体的三维模型。

图 2.5 为 Steinbichler 公司研发的 ABISoptimizer 三维扫描仪。该产品测量速度快，分辨率高，全自动拼接，无需事先在待测物体上粘贴标记物。现已成功应用于汽车表面无损检测系统、飞机轮胎检测、文化艺术品的三维扫描及重现等领域。

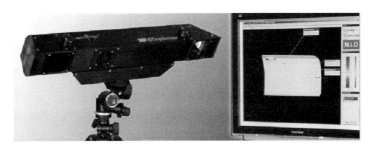

图 2.5　Steinbichler COMET 5-11M 三维扫描仪

2.1.5　三维定位跟踪设备

三维定位跟踪设备是虚拟现实系统中非常重要的设备。为了提供快速的系统反馈和逼真的用户感受，必须通过三维定位跟踪设备捕捉用户身体、头部和手的动作、位置、朝向等信息。三维空间定位跟踪设备通常与数据手套、头盔式显示器等设备相结合，以检测用户手部、头部的空间位置。

常用的定位跟踪技术主要有电磁波、超声波、机械、光学、惯性等，典型的工作原理为：由固定发射器发射信号，附着在用户身上的接收器捕捉到该信号，经计算部件处理后确定发射器和接收器之间的相对位置和方位。高性能的定位跟踪设备是确保虚拟系统和用户实时交互的关键所在，其主要的性能指标有 4 项。

（1）定位精度。即误差范围，指传感器所测出的位置与实际位置的差异。定位精度为 1cm 则说明该设备检测出的位置会有 ±1cm 的误差。

（2）分辨率。设备能检测到的最小位置变化。

（3）响应时间。包括采样率、数据率、更新率和延迟时间 4 个指标。采样率指检测目标位置的频率，数据率指每秒钟计算出的位置个数，更新率指设备报告位置数据的时间间隔，延迟时间指从被测物体的动作发生到传感器测出该动作跟踪数据的时间间隔。

（4）抗干扰性。受环境影响的大小。

很明显，理想的定位跟踪设备应具有高定位精度、高分辨率、短响应时间和强抗干扰性。

图 2.6 所示为 Polhemus 公司研发的电磁波跟踪器 LIBERTY，其采样率达到了每秒 240 次，同时可采集 16 个空间位置和方位，延迟时间为 3.5ms，可以较为容易地跟踪非金属材质的目标，并提供独特的失真检测报警。

图 2.6　Polhemus 的电磁波跟踪器 LIBERTY

2.1.6　眼动仪

眼动仪（eye-tracker）是一类记录眼球运动轨迹的新型跟踪设备。眼动仪一般由光学系统、瞳孔中心提取系统、视景和瞳孔坐标叠加系统、数据分析系统 4 个部分组成，通过记录注视、眼跳、追随运动等眼动轨迹，可以提取注视点、注视时间和次数等信息。眼动仪在市场研究、医学、游戏开发等领域有着一定的应用前景。例如，利用眼动仪可以测试广告布局是否合理，汽车表盘、道路标志的设计是否合理，分析驾驶员是否有不良驾驶习惯等。

根据设备是否可佩戴，眼动仪可分为头戴式和远程式两类。图 2.7（a）是 ASL 头戴式眼动仪[7]，该产品体积轻巧、佩戴方便，可以在体育项目、驾驶等移动应用中使用。图 2.7（b）所示的 SMI 远程眼动仪[8]采用无接触的远程设置方式，可在几秒钟内快速完成自动校准，测试者头部移动不受限制，适用于多数眼镜佩戴者。

（a）ASL Mobile Ey-XG 头戴式眼动仪　　　　（b）SMI RED500 远程眼动仪

图 2.7　眼动仪

2.2　虚拟现实系统的输出设备

虚拟现实系统之所以能让用户产生沉浸其中的感觉，是由于使用了多种感知设备将各种感知信号转换为视觉、听觉、触觉、嗅觉、味觉等人们能感受到的多通道信号，从而使用户产生身临其境的感受。视觉、听觉和触觉感知设备是目前较为成熟的三类感知设备。

2.2.1　视觉感知设备

虚拟现实系统的沉浸感很大程度上依赖于用户的视觉感知，专业的视觉感知设备可以有效地支撑虚拟现实系统的真实感，因此成为虚拟现实系统最为重要的一类感知设备。在介绍视觉感知设备前，首先需要了解人眼立体视觉的原理。

1. 双目立体视觉原理

人双眼之间的距离为 58～72mm，双眼同时看同一物体时，由于左右眼视线方位不同，视网膜上形成的图像会略有差别，即双眼视差，如图 2.8 所示。大脑通过分析后会把两幅影像合成为一幅图像，获得距离、深度等信息，从而使人产生立体视觉。除了以上讨论的双眼产生的立体视觉外，一只眼睛也可以得到立体视觉效果，通过眼睛的上下左右转动可以从不同的观察点获得多幅有差别的图像，这样也能获得立体视觉。

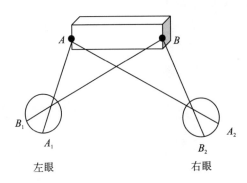

图 2.8　双眼视差示意图

以上讨论的是两幅视差图像同时进入左右眼的效果，即同时显示。分时显示也叫串行显示，即以一定频率交替显示进入左右眼的两幅视差图像，用户通过以相同频率切换的有源或无源眼镜来观看。分时显示方式主要分为机械式和光电式两种。早期的显示设备通过机械方式来实现左右眼图像的开和关，难度大且不适用。当前的主流显示设备是光电式的，通过液晶快门的开关来保证左右眼分别看到对应的图像。

研究结果显示，分时显示所形成的立体视觉与滞后时间有关：当滞后时间小于 20ms 时，分时显示所产生的立体视觉和同时显示的差异不大；当滞后时间大于 20ms 时，分时显示的立体视觉效果减弱；当滞后时间大于 100ms 时，基本不能形成立体视觉。除滞后时间外，分时显示的立体视觉效果也与先行显示的视差图像的显示时长有关。当先行图像显示时间超过 375ms 时，分时显示不能产生立体视觉。因此，采用分时显示方法必须保证两幅图像的显示时间间隔小于 20ms。

双目立体视觉原理是立体显示设备研发的重要理论基础，在制造业、机器人研制、智能监控、军事航天等领域有着广泛的应用。

2. 台式立体显示设备

常见的台式立体显示系统一般由立体显示器和立体眼镜组成。在标准工作模式下，立体显示器和一般的显示器无异；在立体工作模式下，由于显示屏幕只有一个，因此显示器采用分时显示技术，以一定频率在屏幕上交替显示左右眼视差图像。此时用户若不佩戴立体眼镜则会看到有重影的图像。立体眼镜使左右眼只能分别看到屏幕上交替显示的左右眼图像，加上人眼视觉暂留的生理特性，人的大脑经过合成后就会形成立体图像。为保证图像显示的稳定性，立体显示器的刷新频率一般为 120 Hz，即左右眼图像的刷新频率为 60 Hz 以上。

目前常见的立体眼镜主要分为主动(有源)和被动(无源)两大类。主动立体眼镜的液晶调制器接收到红外线控制信号后，控制左右镜片上液晶的通断状态，以保证左右眼分别只能看到对应的左右眼图像。主动立体眼镜图像质量好，但价格较贵，红外线信号易被阻挡。

在被动立体现实系统中，左右眼视差图像分别显示在两个显示屏上，显示屏中间加了分光镜，使得一个屏幕的图像经分光反射穿过一个镜片，同时被另一个镜片阻断，另一个屏幕同理，由此保证左右眼分别看到两个显示器上的图像，从而实现立体现实。被动式立体眼镜价格低，无需红外线控制信号。

总的说来，台式立体显示设备成本低，但显示器尺寸制约了能同时观看的用户数，因此不适用于多用户的场合。

3. 头盔显示器

头盔显示器(head-mounted display，HMD)一般安装在用户头部(图 2.9)。由于配有空间位置跟踪设备(多数为电磁波或超声波跟踪定位器)，因此 HMD 能实时监测头部的方位并据此在其屏幕上动态显示相应的虚拟场景。

图 2.9　常见的 HMD[9]

HMD 一般由显示器和光学透镜组成。目前常见的显示器有 CRT 和 LCD 两类，而 VLSI(微机械硅显示器)则是一种新型显示器。HMD 也是利用双眼视差原理(图 2.8)在左右眼屏幕上分别显示两幅具有微小差别的图像，用户大脑将两幅图像融合后得到一幅具有立体效果的图像。

和立体眼镜相比，HMD 具有较好的沉浸感，但存在价格较高、约束感较强、分辨率较低、眼部容易疲劳等不足。

4. 投影式立体显示设备

投影式立体显示系统所使用的屏幕比台式系统大很多，可以通过多个并排的显示器或投影仪创建大型显示墙面，常见的有响应工作台式、洞穴式和墙式三类系统。

(1)响应工作台式显示设备(responsive work bench，RWB)于 1993 年由德国国家信息技术研究中心 GMD 提出[10]。如图 2.10 所示，该设备由投影仪、反射镜和特殊玻璃制成的显示屏组成。投影仪将立体图像通过反射镜面反射到显示屏上。用户佩戴立体眼镜就可以观看立体的虚拟对象，配合数据手套等交互设备还可以对虚拟对象进行操控。显示屏尺寸较大，因此可支持多人协作式工作。

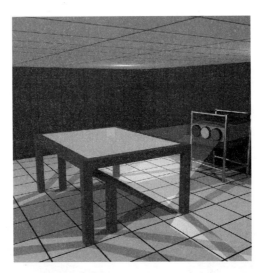

图 2.10　RWB

(2)洞穴式投影显示设备(computer automatic virtual environment，CAVE)最早由美国伊利诺伊大学提出，现已逐渐成为沉浸式虚拟现实系统中一类典型的立体显示技术。CAVE 利用多个投影屏幕为用户提供一个房间大小的、高度沉浸的虚拟空间(图 1.4)。常见的 CAVE 系统有 4 面、5 面、6 面等。用户在空间位置跟踪器、数据手套、三维鼠标等交互设备的协助下和虚拟空间进行交互。由于允许多人同时进入，因此该类技术现已成为最常见的沉浸式空间展示技术。

(3)墙式立体显示系统采用大屏幕投影设备，可供多个用户同时使用，通常分为单台投影机主动式、单台投影机被动式、双台摄影机被动式这三种常见类型。在实际应用中为了节约成本，也可以将图形工作站和立体转换器相连，同样可以实现立体显示的效果(图 2.11)。对于需要较大投影屏幕的场合，可以将多台显示器组合形成大面积立体显示屏幕，即墙式全景立体显示屏幕，该类设备可分为平面和曲面两种。多个屏幕的拼接处通常有一定宽度的空缺或重叠，观众会察觉到一条黑色或发亮的窄缝。因此屏幕边缘的拼接是该类设备的关键技术。此外，墙式全景立体显示屏幕还要利用非线性集合矫正、热点补偿、伽马矫正、色平衡等关键技术，以得到一个无缝的、亮度及色度均匀的图像。

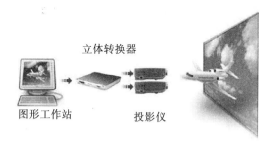

图 2.11　立体转换器

　　总的说来，投影式立体显示设备沉浸感较强，适用于博物馆、展览馆等多用户场合，但价格高昂，安装和维护费用也较高。

2.2.2　听觉感知设备

　　除视觉外，听觉也是人类感知世界的重要通道，对保证虚拟现实系统的沉浸感起着重要的作用。和立体显示设备等视觉感知硬件相比，听觉感知设备价格普遍较低。其中，耳机和音响是两种常见的听觉感知设备。

1. 扬声器

　　扬声器的作用是把音频信号转换成声音并辐射到空间中去。按换能原理可分为动圈式、静电式、电磁式、压电式等类型。其中，电动式扬声器具有电声性能好、结构牢固、成本低等优点，因此应用较为广泛。按频率范围可分为低频扬声器、中频扬声器、高频扬声器等；按安装位置可分为内置扬声器和外置扬声器(音箱)。扬声器的主要性能指标有灵敏度、频率响应、额定功率、额定阻抗、指向性、失真度等。

2. 耳机

根据佩戴方式可以将耳机分为耳塞式、挂耳式、入耳式、头带式等类型；根据音源可分为有源耳机和无源耳机；根据换能器的不同可将耳机分为动圈式、静电式、等磁式等类型。著名的耳机生产商有森海塞尔（Sennheiser）、AKG（爱科技）、拜亚动力（Beyerdynamic）、索尼（Sony）等。耳机的评价指标可以借鉴扬声器的评价体系，具体信息可参考国际电工委员会 IEC581-10 标准中高保真耳机的主要性能指标。总的说来，高质量的耳机应该保证声音清晰、细节清楚、各频段的连接自然平滑。

相对于扬声器耳机的优势在于佩戴方便、移动性较好，但只能供一人使用，设备需要安装在用户头部，不能带给身体其他部位如爆炸震动感等额外感受。

2.2.3　触觉感知设备

触觉是感知世界的重要通道，可以为人们提供接触反馈和力反馈两类感知信息。接触反馈指人与物体接触时感受到的触觉、压力、振动、温度、痛觉等，通过这些感受，人们能感觉到物体的光滑度、纹理、形状等信息。力反馈指人们通过肌肉、关节等部位的发力而感受到的重量、摩擦力等感觉。

在虚拟现实系统中，提供一定的触觉感知有利于增强系统的真实感，对虚拟装配等应用系统效果尤为明显。但由于目前对人类感觉机制的了解还比较粗浅，现有的触觉感知设备只能提供最基本的"接触到"的感觉，尚无法提供材质、纹理、温度、痛觉等更为复杂的感受。

1. 接触反馈设备

人体具有温度、疼痛、压力、触感等多种感知器，通过这些感知器，人们可以感觉到接触物的温度、形状、纹理等信息。但由于目前对人体感知机能认识的不足，现有接触反馈设备主要局限于手指的触觉感知反馈。根据接触反馈的方式，可以将这类设备分为充气式、振动式、微电刺激式、神经肌肉刺激式等类型。

微电刺激式和神经肌肉刺激式设备均通过刺激信号刺激用户相应的感受器官以实现触觉反馈。出于安全考虑，充气式和振动式设备更为常用。充气式接触反馈手套通过空气压缩泵的充气和放气实现多个气囊的迅速加压和减压。充气时气囊压迫皮肤从而产生一种模拟的触觉感受。

振动式接触反馈手套配置了多个由状态记忆合金制成的小型振动换能器，其通过形变让用户感知光滑度等感觉。换能器的反应速度快，适用于快速、不连续的感觉模拟。气囊需要通过充气和放气来进行状态转换，因此适用于缓慢、连续的感觉模拟。

2. 力反馈设备

目前常见的力反馈设备有力反馈手套（详见本书 2.1.1 小节）、桌面力反馈系统、力反馈操纵杆、悬挂式机械手臂等。

图 2.12 所示的 Phantom Premium 3.0[11] 是一套常见的桌面力反馈系统，相当于一个小型机械手，其活动范围约为人的手臂绕肩部旋转的范围，可以提供 3 自由度的位置感应和 3 自由度的力反馈。当机械臂在空间中运动时，计算机屏幕上的指示针会显示机械臂的空间位置。当机械臂和虚拟物体接触时，系统会发出信号并将虚拟物体的质量、光滑度等信息反馈给硬件系统，由其产生相应的力传回给用户，从而产生力反馈感受。

图 2.12　Phantom Premium 3.0 桌面力

2.2.4　其他输出设备

除以上介绍的视觉、听觉、触觉等感知设备外，三维打印机是近年来出现的一类新型的输出设备。

三维打印机（3D printer）采用快速成型工艺，利用堆叠方式分层制作三维模型：首先依据 CAD 等三维模型对虚拟物体进行分层切片，得到各层截面的轮廓；

然后按照这些轮廓将液态光敏树脂材料、熔融的塑料丝、石膏粉等可快速成型的原料通过喷射或挤压的方式层层堆叠，逐步加工形成三维物体。三维打印技术的最大优势在于无需任何机械加工就能直接将三维虚拟模型转换为实物，极大地缩短了产品研制周期并降低了成本，因此在工业制造、艺术设计等领域具有非常广泛的应用前景。随着三维打印技术的快速更新，当前三维打印机已经可以制造出食物、牙齿、关节、飞机零件等成品(图 2.13)。

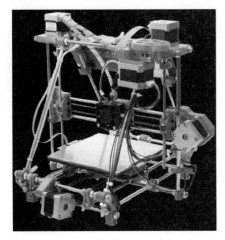
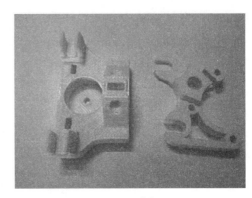

图 2.13　三维打印机 Huxley 及其打印出的三维模型[12]

习　　题

(1)虚拟现实系统的硬件设备主要分为哪几类?

(2)简述数据手套的分类及其工作原理。

(3)为数据衣设计一个实际应用案例。

(4)简述三维定位跟踪装置的分类及其工作原理。

(5)简述眼动仪的工作原理并设计一款基于眼动仪的游戏。

(6)简述双目视差及立体视觉的形成原理。

(7)简述立体显示设备的分类，分析其各自的优点及适用环境。

(8)听觉感知系统主要分为哪几类?

(9)简述你对人体触觉感知机制的认识。

(10)简述充气式和振动式接触反馈手套的工作原理。

(11)列举几个三维打印机的应用领域。

参 考 文 献

[1] 5DT 数据手套. http：//www. 5dt. com/ [2015-4-22].

[2] Shape Hand 数据手套. http：//shapehand. com/shapehand. html [2015-4-22].

[3] Xsens MVN 数据衣. https：//www. xsens. com/products/xsens-mvn/ [2015-4-22].

[4] SpaceMouse Pro Wireless . http：//www. 3dconnexion. com. cn/products/spacemouse/spacemouse-pro-wireless. html [2015-4-22].

[4] SXSW2013 展览. http：//sxsw. com/2013 [2015-4-22].

[5] steinbichler 三维扫描仪. http：//www. steinbichler. cn/ [2015-4-22].

[6] LIBERTY 电磁波跟踪器. http：//www. polhemus. com. cn/LIBERTY. htm [2015-4-22].

[7] ASL 眼动仪. http：//www. asleyetracking. com/site/Products/MobileEye/tabid/70/Default. aspx [2015-4-22].

[8] SMI RED500 眼动仪 . http：//www. smivision. com/en/gaze-and-eye-tracking-systems/products/red-red250-red-500. html [2015-4-22].

[9] 头盔显示器. http：//www. vrealities. com/head-mounted-displays [2015-4-22].

[10] RWB. http：//graphics. stanford. edu/projects/RWB/ [2015-4-22].

[11] 力反馈设备. http：//www. souvr. com/vr168/haptic/201003/4392. shtml [2015-4-22].

[12] Huxley 三维打印机 . https：//reprappro. com/documentation/huxley/ [2015-4-22].

第3章　虚拟现实系统的相关技术

【主要知识点】

  (1)三维建模技术。

  (2)视觉实时绘制技术。

  (3)三维虚拟声音技术。

  (4)物理仿真技术。

  (5)人机交互技术。

  虚拟现实系统的开发除了需要功能强大的硬件设备支持外,对相关的软件技术也有很高的要求。常用的虚拟现实技术主要包括三维建模技术、视觉实时绘制技术、三维虚拟声音技术、物理仿真技术、人机交互技术等。

3.1　三维建模技术

  建立三维模型是虚拟现实系统最基础的工作。三维模型不仅要求几何外观逼真,有些模型还需要有较为复杂的属性和行为。由于虚拟场景通常较为复杂,模型的类型和数量众多,因此三维模型的简化和优化技术在保证系统流畅运行和实时交互方面有着重要的意义。

  三维建模技术通常分为几何建模和行为建模两大类。几何建模指对物体几何形状的表示,行为建模则是对其物理功能行为的描述。

3.1.1　几何建模技术

  几何建模(geometrical modeling)技术通过计算机来表示、控制和输出几何模型,主要处理的信息分为几何信息和拓扑信息两类。几何信息指几何模型在空间中的形状、大小、位置等,拓扑信息指拓扑元素(顶点、边、面)的数量及其连接关系。

　　几何模型一般分为面模型和体模型两类。面模型使用面片来描述几何对象，其基本几何元素多为三角形。面模型构造相对简单，多用于刚体对象的几何建模，例如，虚拟漫游系统可以使用该方法构造出简单的、不需要精确描述的面片树。体模型使用体素(voxel)描述几何对象的结构，其基本几何元素多为四面体。体模型比面模型更能精确描述模型的变形、分裂等特征，多用于软体对象的几何建模，但建模成本相应增加。

　　手动建模可以通过 OpenGL、VRML 等专业建模语言或 AutoCAD、3ds Max 等建模软件来完成几何模型的建立。手动建模的成本较高，时间较长，操作人员必须对相应软件非常熟悉。利用三维扫描仪可实现自动三维建模。另外还有一类基于图片的建模技术。例如，RealViz 公司[1]的 Image Modeler 可以利用多张不同角度的图片创建三维模型，并且可以根据照片自动创建材质贴图，生成的模型可以直接输出到 3ds Max、Maya 等三建模维软件中。和三维扫描仪相比，该类技术具有成本低、操作简单、速度快等优点。

3.1.2　行为建模技术

　　行为建模(behavioral modeling)是对物体功能行为的描述，主要包括运动学和动力学仿真两类。运动学通过平移、旋转等几何变换来描述物体的运动特征。动力学仿真则使用物理定律计算出物体的运动行为。该方法描述精确，运动效果自然，更适用于多物体交互的虚拟现实效果。

3.2　视觉实时绘制技术

　　虚拟现实系统通常拥有类型和数量众多的三维模型，只是将这些模型显示出来是远远不够的，一个静止的、没有任何交互和变化的虚拟场景往往不能满足用户动态交互的实际需求。因此真实感与实时性是视觉绘制技术关注的重点。

3.2.1　真实感绘制技术

　　为了给用户提供身临其境的感受，虚拟物体的绘制技术要模拟真实物体的形状、材质、粗糙度等物理属性。由于物体众多，场景需要实时更新，因此真实感绘制技术需要采用一些必要方法以保证绘制的精度和速度。

1. 纹理映射

纹理映射(texture mapping)指将纹理贴图贴到物体的几何表面。例如，绘制一片铺有地砖的地面，如果不使用纹理映射则地面的每一块砖都要作为独立的多边形来绘制。而纹理映射将地砖图片作为纹理贴到矩形上，这样就可以快速生成一片逼真的地面。此外，纹理映射能保证发生多边形变换时多边形上的纹理也随之变化。例如，地砖的尺寸随着视点的改变而改变。纹理映射可以快速制作出真实感很强的图形而不必花过多精力去考虑物体的表面细节。但是，当纹理图片很大时，纹理的加载可能会影响系统的运行速度。因此，纹理管理的优化是真实感绘制的关键技术之一。

2. 光照模型

纹理和光照是影响虚拟现实系统真实感的两大要素。光照模型是模拟物体表面光照物理现象的数学模型。其中，简单光照模型假设光源是点光源，物体非透明且表面光滑，因此透射光和散射光可以忽略不计，只考虑由环境光、漫反射光和镜面反射光三部分组成的反射光的作用。其他更为复杂的光照模型有局部光照模型、整体光照模型等。

3. 反走样

光栅显示器显示的是离散点构成的矩阵，因此绘制非水平或非垂直的直线或多边形时会出现锯齿状效果，该现象称为走样(aliasing)。用于消除走样的技术称为反走样(antialiasing)。常用的反走样技术有如下两种：

(1)提高分辨率。以两倍分辨率绘制图形，然后由像素值的平均值计算出正常分辨率下的图形。该方法简单易实现，但代价较大。

(2)简单区域采样。将线段看做具有一定宽度的矩形，当其与某像素相交时求出相交区域的面积，再根据面积确定该像素值。该方法的缺点在于像素值与相交区域面积成正比，而与像素落在相交区域内的位置无关，因而还是可能存在锯齿效果。

3.2.2　实时动态绘制技术

面前已讨论过虚拟现实系统对实时性的要求。虚拟现实系统不仅要保证三维图形的快速生成，场景的更新速度还必须和用户视点的变换同步，否则不仅会严重降低沉浸感，甚至还可能造成"仿真病"，即由视觉和体感的不协调而造成的眩晕、呕吐等症状。实时绘制技术可分为基于图形和基于图像两类。

1. 基于图形的实时绘制技术

图形的实时绘制速度取决于场景的照明、阴影、图形复杂度等因素。常用的用于降低场景复杂度、提高绘制速度的技术主要有三种。

(1) 场景分块。场景分块(world subdivision)技术可以将复杂的场景分割为相互之间完全不可见或接近于完全不可见的多个子场景。例如，在室内漫游系统中，可按房间将建筑物内部分为多个子场景。用户进入某个房间时只能看到该房间及与该房间相连的其他房间内的场景，其余场景则不可见。这样就能显著减少系统在某个时刻需要显示的物体数量，从而有效降低场景复杂度。但是，该技术只针对封闭空间，难以应用于开放空间。

(2) 可见消隐。可见消隐(visibility culling)技术根据用户当前的视点和视线方向，决定场景中哪些物体可见，哪些物体不可见，系统仅显示可见物体。但当用户看见的场景大且复杂时，该方法效果不明显。

(3) 细节层次模型。当用户能看见的场景比较复杂时，以上两种方法效果都不明显，因此产生了细节层次(level of detail，LOD)模型。LOD 模型是对同一物体建立包含不同细节信息的多个相似模型，根据需求实时决定需要显示的模型。例如，当物体距离用户视点较远时可选用简单的模型，反之则选用比较精细的模型。同理，对于快速运动的物体可以采用简单模型，而对静止物体采用精细模型。不同 LOD 模型的选用体现了对模型精度和计算量的折中考虑。

2. 基于图像的绘制技术

基于图形的绘制技术存在建模费时、数据量大等问题，因此基于图像的渲染(image based rendering，IBR)技术成为一大研究热点。不同于先建模后渲染的绘制方法，IBR 技术根据已知场景对接近视点或视线方向的图像进行变换、插值和变形，以生成当前视点处的场景。该类技术计算量较小，适用于复杂场景的描述。

全景(panorama)技术是一类典型的 IBR 技术：首先利用照相机获取图像样本序列，将其平移或旋转并投影到柱面或球面上，通过拼接融合生成全景图像。

图像拼接分为水平拼接、垂直拼接、水平垂直拼接三类。若图像序列取自同一视点的不同视角且重叠部分无缩放，则图像拼接只需要确定重叠部分即可进行平滑拼接。若图像序列取自不同视点且重叠部分存在缩放，则首先需要确定重叠部分的缩放比例。

图像融合技术主要为了避免拼接图像出现明显的拼接痕迹，通常在两幅图像的重叠边界采用渐入渐出的方法实现平滑过渡。其他方法包括寻找最小能量路径法、多分辨率样条融合法等。

3.3　三维虚拟声音技术

为使用户产生身临其境的感受，除视觉沉浸外，虚拟现实系统还应考虑听觉沉浸，即使用户身处立体声场中，能根据三维虚拟声音的类型、强度和方位迅速做出相应判断。例如，在虚拟战场演习系统中听到来自后方的枪声或远处队友的呼救声等。

3.3.1　三维虚拟声音的特点

三维虚拟声音具有全向三维定位和三维实时定位两大特性。

全向三维定位(3D steering)指在虚拟环境中把实际声音信号定位到对应虚拟声源的特性。它能帮助用户准确快速地判断出声源位置。

三维实时定位(3D real-time localization)指在虚拟环境中对声源位置的实时跟踪。例如，当虚拟物体发生位移时，其对应的声源位置也应产生同步移动。同理，当用户转动头部时，声源位置也应发生变化，这样用户才会觉得声源的相对位置没有发生变化。只有当声源变化和视觉变化同步时，用户才能产生正确的听觉和视觉的叠加效果。

3.3.2　头部相关传递函数

作为合成三维虚拟声音的关键技术，头部相关传递函数(head-related transfer function，HRTF)的定义如下[2]：

$$HRTF = \frac{P_a(\varphi,\theta,f,r)}{P_0(f,r)}$$

其中，$P_a(\varphi，\theta，f，r)$是仰角为 φ、夹角为 θ、频率为 f、距离人头中心为 r 的声音信号在被测对象耳膜附近的复数声压；P_0 为该信号在自由声场中的原人头中心位置的复数声压。

获取 HRTF 的方式通常有两种：①通过声波的传播原理进行理论计算，目前使用的大多数是简化后的人体模型。但由于人体的不规则性和头部、耳朵的复杂构造，理论计算的效果不算很理想；②通过实验测量获取 HRTF，在某个位置播放一个声音信号，记录耳膜附近的信号，通过对比得出 HRTF，该方法精度高，但需要精密测量设备且测量时间较长，因此成本较高。由于 HRTF 与人体构造密切相关，不同人的 HRTF 可能相差较大，因此普遍使用 HRTF 平均值来合成三维虚拟声音。目前很多 HRTF 数据库均来自国外，许嵩等人[3]利用这些数据库进行中国人的 HRTF 研究，具有一定的借鉴意义。

3.3.3　语音识别技术

语音识别技术也叫自动语音识别(automatic speech recognition，ASR)，可以将人的语音信号转换为计算机可识别的文字信息。语音识别以事先建立的样本库为基础，将用户的语音信号转换成数据文件，然后和样本数据进行比对，找到系统认为最接近的样本序号，从而理解用户的输入。

语音识别技术可以解放用户的双手，同时让用户利用语音这一自然交流方式和系统进行交互。语音识别技术的应用领域十分广泛，例如语音文档录入、语音导航等，尤其在电信业、汽车业、移动应用领域中的使用有着快速的增长。例如，苹果公司发布的 Siri 是安装在 iPhone 上的语音助手，支持基于自然语音输入的地图搜索、备忘录提醒、日程安排等功能。

3.3.4　语音合成技术

和语音识别技术相比，语音合成(text to speech，TTS)技术相对较为成熟。TTS 技术指用计算机合成语音，一般分为两个步骤：首先将文字序列转换为音韵序列，然后根据音韵序列生成语音波形。为合成清晰、自然、可懂的语音，不仅需要数字信号处理技术，还需要大量语言学的理论支持。系统必须建立包括语义学规则、语音学规则在内的各种规则，此外还涉及对自然语言的理解。

3.4　物理仿真技术

现实世界中所有物体的运动都遵循一定的物理规律，例如洋流运动、行星运动、气体运动等。虚拟现实系统要想给用户提供逼真感受，就应该对这些物理运动进行仿真。

3.4.1　数学建模

虚拟现实系统中的物理仿真通常建立在数学模型之上。这些数学模型用以描述虚拟物体的行为和运动，定义其物理属性（如质量、大小等）和物理规则（如阻力、速度等）。

3.4.2　碰撞检测

为了使虚拟世界中的物理运动和现实世界保持一致，需要对虚拟场景中的用户动作和物体运动加以限制，以防止出现用户穿墙而过、游戏角色陷入地板等不合理现象。因此碰撞检测是虚拟现实系统物理仿真的重要环节，不仅要检测出是否有碰撞产生、碰撞产生的位置等，还应计算出碰撞后的效果。由于要在很短的时间内迅速做出正确反应，这对碰撞检测的实时性和精确性提出了很高的要求。常用的碰撞检测法有层次包围盒法和空间分解法。

层次包围盒（hierarchical bounding box）法用简单包围盒覆盖几何体，通过对包围盒的相交测试快速排除不相交的几何体，若包围盒相交则进行几何体的精确碰撞检测。该方法能减少整体的检测次数，提高碰撞检测的效率。常用的包围盒法有包围球、轴向包围盒、沿任意方向包围盒等。

空间分解（space decomposition）法将虚拟空间分为体积相等的多个单元格，只对占据同一或相邻单元格的对象进行相交检测。该方法适用于对象较少且均匀分布在虚拟空间的情形。

3.5　人机交互技术

　　20 世纪 70 年代以前，人和计算机系统的交互方式非常简单：所有命令必须通过键盘输入，系统也只能输出简单的字符。这种命令行(CLI)交互方式的自然度和效率都很低。

　　20 世纪 80 年代出现了图形用户接口(GUI)，大量的命令被窗口(window)、图标(icon)、菜单(menu)、指点装置(point)等形象的元素所替代，用户只需要用鼠标单击这些元素就可以进行操作，形成了 WIMP 范式的人机交互(human-computer interaction)接口。

　　随着计算机网络技术和传感技术的不断发展，逐渐出现了射频标签、蓝牙技术、触摸屏等新兴硬件设备，人机交互的方式也随着硬件的改进而发生着变化。人机交互逐步发展为计算机领域的一大新兴研究方向。

　　人机交互研究用户与系统之间的交互关系，为用户进行交互式计算系统的设计、实现和评估[4]，是一门涉及社会学、心理学、计算机科学、工业设计的交叉性学科。用户界面(user interface)是用户和系统之间传递和交换信息的媒介[5]，它涵盖了硬件和软件两个部分。用户和系统这两大基本要素在人机交互领域有着同等的重要性：系统开发要求熟练掌握计算机图形学、操作系统、编程语言等技术；研究用户需求则需要用到语言学、社会学、认知心理学等方面的知识。人机交互的交叉学科特性将来自不同学科背景的研究者紧密地结合起来。

3.5.1　基于手势的交互

　　当前很多典型的交互系统都没有配置键盘、鼠标等传统交互设备，此外还需考虑多用户、多视点、多触点等诸多因素，因此单用户单触点的 WIMP 范式不再适用[5]。

　　触摸屏的出现促使用户直接用手接触屏幕表面来进行交互。手势是替代 WIMP 范式的经典方法，它是传达某种意义或实现某个目的的手的动作或活动，可以是单击、拖动等直接操作，也可以是多手指预定义动作。现在几乎所有多触点产品，如苹果 iPad、微软 Surface 等都使用多手指手势。

　　一些用户测试发现，部分用户在手势记忆方面有困难且对手势有个性化需求，因此通过重用思想来设计手势，使其具有连贯语义以降低学习和记忆的难度[7]。Morris 等人[8]提出了协作式手势的概念，实验发现，单用户手势可能被误读为组群手势。以上讨论的手势普遍应用于很多交互系统，但由于大多将多个接触点作为相互独立的输入点，在某些应用情境中的交互灵活度受到一定的限制，因此 Cao 等人[9]研究对形状和运动状态的跟踪，以获取更为丰富的交互信息。

3.5.2　实物用户界面

为增强交互真实感同时减少操作复杂度，一些研究将真实物体引入交互系统形成实物用户界面(tangible user interface，TUI)，允许用户利用日常生活中积累的交互经验操控物理对象来实现同数字空间的交互，从而提供自然的交互体验。实物可以作为交互过程中的信息载体或标记。例如，在 Photohelix[10]中，用户可以一只手旋转物理设备来选取照片子集，另一只手拿笔进行缩放、旋转等具体操作。Vision Wand[11]通过跟踪棍子的 3D 位置来识别复杂的手势，从而实现对屏幕上显示对象的移动、旋转等操作。

现有基于手势或实物的交互方式能满足很多基本应用，特别是引入了实物的交互系统能有效地利用用户在日常生活中的交互经验。但是用户交互动作要遵循系统预定义的规则，非标准交互动作可能导致交互过程中断甚至引起用户兴趣的丧失，这在一定程度上限制了用户交互的自由度和灵活度。另外，对预定义交互方式特别是复杂手势的学习和记忆要耗费用户的认知投入。因此，对交互技术进行改进以实现更为自然的用户交互成为人机交互研究领域的重要发展方向。

3.5.3　自然用户界面

自然用户界面(natural user interface，NUI)成为当前人机交互领域一个重要的发展方向。除改进手势等预定义交互方式外，如何通过空间交互来提高交互的自然度和开放度也是当前人机交互技术面临的一大挑战。

体感交互作为 NUI 的重要成果，在游戏方面取得了显著的应用成效。体感交互技术利用人的身体替代传统的遥控器进行各种游戏控制，可以实现冲浪、健身、游泳等各种虚拟游戏体验。典型的体感交互设备有任天堂公司的 Wii、微软公司的 Kinect、Leap 公司的 Leap Motion[12]等。以 Kinect 为例，该设备利用多摄像头检测物体到摄像头的距离，从而提供重要的深度信息。在此之上可以进行人体的骨架检测、四肢动作的识别等。和键盘、鼠标甚至触摸屏等接触类交互设备相比，体感交互设备的创新之处在于实现了无接触的交互，即用户不必触摸设备表面即可实现交互，这使得自然的空间交互技术成为现实。用户不需要学习和记忆手势等各种复杂的预定义交互方式，而是使用在日常生活中积累起来的自然交互动作即可。除了游戏，体感交互技术在医学、科技馆、工业设计等诸多领域也有着广泛的应用前景。

习　题

(1)三维建模技术主要包括哪几种技术？

(2)哪些绘制技术可以帮助提高虚拟现实系统的真实感和沉浸感？

(3)要想实现虚拟场景的实时绘制需要对哪些技术进行研究？

(4)简述全景技术中图片拼接和融合的主要方法。

(5)简述三维虚拟声音的主要特点。

(6)简述获取头部相关传递函数 $HRTF$ 的常见方式。

(7)语音识别技术和语音合成技术有何区别？

(8)试想一下在一个虚拟校园漫游场景中需要对哪些物体进行碰撞检测。

(9)为一个射击游戏设计几个主要的交互手势。

(10)除游戏外，体感交互设备还有哪些有趣的应用？

参 考 文 献

[1] RealViz 公司. http：//www. realviz. co. jp/index _ english. html [2015-04-24].

[2] Cooper D H. Calculator program for head related transfer function. Journal of the Audio Engineering Society，1982，30(1/2)：34-38.

[3] 许嵩，李志忠，冯盛养，等.基于头相关传递函数的三维虚拟声的实验验证. 系统仿真学报，2009，21(23)：7522-7530.

[4] Preece J，Roger Y，Sharp H. Beyond Interaction Design：Beyond Human-Computer Interaction. New York：Jon Wiley & Sons，2001.

[5] 董士海.人机交互的进展及面临的挑战.计算机辅助设计与图形学报，2004，16(1).

[6] 陈雅茜.交互式桌面及其相关技术研究.计算机工程与应用，2012，48(32)：147-152.

[7] Wu M，Shen C，Ryall K，et al. Gesture registration，relaxation，and reuse for multi-point direct-touch surfaces. Proceedings 1st IEEE International Workshop on Horizontal Interactive Human-Computer Systems，TABLETOP 2006：185-192.

[8] Morris M R，Huang A，Paepcke A，et al. Cooperative gestures：multi-user gestural interactions for co-located groupware. Proceedings of the SIGCHI Conference on Human Factors in Computing Systems，

CHI 2006: 1201-1210.

[9] Cao X, Wilson A D, Balakrishnan R, et al. Shapetouch: Leveraging contact shape on interactive surfaces. Proceedings of IEEE International Workshop on Tabletops and Interactive Surfaces, TABLETOP 2008: 139-146.

[10] Hilliges O, Baur D, Butz A. Photohelix: Browsing, Sorting and Sharing Digital Photo Collections. Proceedings of the 2nd IEEE Tabletop Workshop, TABLETOP 2007.

[11] Cao X, Balakrishnan R. Visionwand: interaction techniques for large displays using a passive wand tracked in 3d. Proceedings of the 16th annual ACM Symposium on User Interface Software and Technology, UIST 2003: 173-182.

[12] Leap Motion. https: //www. leapmotion. com/ [2015-04-24].

第4章　虚拟现实系统的相关软件

【主要知识点】

(1)虚拟现实几何建模软件。

(2)虚拟现实基础图形库。

(3)虚拟现实三维图形引擎。

(4)虚拟现实平台软件。

(5)虚拟现实的网络规范语言。

虚拟现实系统的开发是一个很复杂的过程，涉及三维建模、视觉实时绘制、物理仿真、人机交互等多种技术。对很多开发者而言，从底层开始创建虚拟现实系统的难度很大，开发成本很高，因此需要用到功能强大、使用方便的几何建模软件、三维图形引擎、系统仿真软件及其他辅助工具。

目前，仿真软件和游戏的开发技术可分为基础层、中间层和应用层三个层次(图 4.1)。基础层主要提供硬件加速和基本 API 函数接口；中间层是为满足游戏或仿真需求的公共引擎，其中三维图形引擎可以看做是对图形通用算法和底层工具的封装；应用层涉及具体的仿真应用软件或游戏开发。

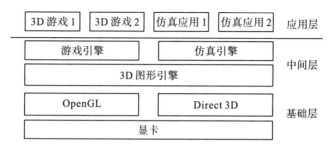

图 4.1　游戏和仿真软件开发中的层次关系

4.1　几何建模软件

虚拟场景中出现的几何模型一般都是在专门的建模软件中制作完成后再导入虚拟现实平台软件中的。常用建模软件有 3ds Max、Maya、AutoCAD 等。

4.1.1　3ds Max

3ds Max(通常简称 MAX)是 Autodesk 公司旗下的一款三维建模和动画制作软件[1]，是目前最为流行的三维建模、动画制作和渲染软件，广泛应用于游戏开发、建筑设计、工业制图等众多领域。

在 Windows NT 出现以前，工业级的图形制作基本被 SGI 图形工作站所垄断。基于 Windows NT 的 3ds Max 的出现促使图形制作平台逐渐转向基于网络的 PC 平台，从而使得制作成本大大降低，同时图形制作也从高端的电影制作进入了电视游戏等普通应用领域。自 1996 年推出 3ds Max 1.0 版本以来，3ds Max 历经了 2.5、3.0 直至 9 等多个版本后，陆续又出现了 2009、2011 等版本，目前最新版本为 3ds Max 2014。该软件主要具有以下优点：

(1)入门容易，上手快。3ds Max 制作流程较为简洁，初学者可以很快上手。软件界面比较人性化，用户可以进行个性化设置。

(2)性价比高。3ds Max 价格较为低廉，同时对硬件要求较低，较高的性价比使得制作成本大为降低。它提供了强大的建模功能，多边形建模、表面建模等功能使复杂的建模过程得到了简化。

(3)用户众多，便于交流。3ds Max 在广告制作、建筑设计、工业设计、多媒体制作等诸多领域有着长期广泛的应用，用户数量众多，素材和教程也很多，便于用户之间的交流和学习。

本书将在第 5 章中介绍 3ds Max 的基本功能。

4.1.2　Maya

Maya 是 Autodesk 公司的一款专业软件[2]，和 3ds Max 相比，Maya 的功能更为强大，属于高端的三维建模和动画制作软件。1998 年，Maya 发布第一个版本 Maya 1.0，经历了多个版本后，目前最新版本为 Maya 2013。

Maya 的功能非常完善，在粒子系统、毛发系统、布料系统等方面表现突出。

（1）粒子系统。Maya 粒子系统 nParticles 支持粒子碰撞和粒子堆积效果，还可以通过动力学约束系统创造出个性化的粒子效果。允许粒子和布料等柔性物体进行碰撞，强制场属性可以使粒子与布料产生吸附或排斥效果。另外，通过对流体属性的修改，可以轻松实现流水、熔岩等不同流体效果。

（2）毛发系统。Maya 毛发系统可以模拟飘动的头发、衣服皱褶等细节动画。Maya 的毛发系统分为头发（hair）和皮毛（fur）两部分，共同使用头发系统来实现动力学效果的模拟。头发系统适合于头发、毛线等细长物体的模拟，而皮毛系统更适合于草坪、动物皮毛等较短的绒毛效果。

（3）布料系统。布料系统是 Maya 8.0 以后增加的新模块，不仅可以实现布料飘动、褶皱等效果，还支持叶子飘落、气球爆炸等特效制作。Maya 2009 以后将其改名为 nMesh，和粒子系统 nParticles 一起并入 nDynamics 模块。

4.1.3　Multigen Creator

Multigen Creator 是由 Presagis 公司开发的软件包[3]，专门用于视景仿真的实时三维模型的创建。它具有多边形建模、矢量建模、大面积地面生成等功能，拥有针对实时应用的 OpenFlight 数据格式，可以高效地生成实时三维数据库，在视景仿真、模拟训练等方面处于领先地位。

4.1.4　Lightwave

Lightwave 是由 NewTek 公司开发的一款性价比很高的三维动画制作软件[4]。从 AMIGA 开始，Lightwave 目前已发展到了 11.5 的版本。Lightwave 操作简单，易于上手，在生物建模和角色动画方面表现突出，光线跟踪和光能传递技术使得 Lightwave 的渲染功能十分强大。

4.2　虚拟现实基础图形库

OpenGL 和 Direct 3D 是目前图形绘制方向使用最为广泛的应用程序接口（application programming interface，API）。基于这两个基础图形库，编程人员可以快速方便地进行 3D 图形处理软件的开发。

4.2.1　OpenGL

OpenGL[5]是 open graphics library(开放图形库)的缩写，是一个跨编程语言、跨平台的图形编程接口，可以用于二维或三维图形的绘制。OpenGL 为点、线、多边形等图形元素及其属性(材质、阴影、光照等)提供了标准化接口，可以帮助专业人员实现高性能、高表现力的图形处理程序的开发。

OpenGL 的前身是 SGI 公司开发的工业标准的 3D 图形软件接口 IRIS GL。虽然功能强大但移植性不佳，因此 SGI 公司在其基础上开发了 OpenGL。与硬件无关的软件接口使其可以在不同的操作平台之间进行移植。OpenGL 是底层图形库，没有提供几何实体图元，因此不能直接用于场景描述。但是通过一些转换程序可以将 3ds Max 或 AutoCAD 等三维建模软件制作的模型转换成 OpenGL 可以处理的数据类型。

OpenGL 的主要功能如下：

(1)建模。支持基本的点、线、多边形的绘制，同时提供复杂三维物体、曲线、曲面的绘制函数。

(2)变换。OpenGL 的变换分为两种：基本变换包括平移、旋转、缩放、镜像，投影变换包括平行投影和透视投影。

(3)光照和材质。OpenGL 光分为自发光、环境光、漫反射光和高光 4 类。材质通过光反射率来表示。

(4)纹理映射。通过纹理映射可以描述物体表面的纹理细节。

(5)位图显示和图像增强。融合、反走样等功能可以加强物体的真实感。

(6)双缓存。后台缓存负责计算场景、生成画面，前台缓存用于显示后台缓存已绘制好的画面。

4.2.2　Direct3D

Direct3D[6]是微软公司在 Windows 操作系统上开发的一套 3D 图形 API 规范。它基于通用对象模式(common object mode，COM)，通过对各种硬件的底层操作达到提高运行速度的目的。Direct3D 是微软公司 DirectX SDK 集成开发包的重要组成部分，支持多媒体、3D 动画等图形计算。

Direct3D 将渲染过程描述为流水线：

(1)输入组装，读取顶点数据，组装入流水线。

(2)顶点着色，逐一处理顶点的变换、贴图、光照等。

(3)几何着色，处理顶点的几何坐标变换。

(4)流输出，将处理完的数据输出。

(5)光栅化，将顶点转换为像素，输出给像素着色器。

(6)像素着色，计算像素颜色及深度值。

(7)输出混合，整合输出数据，创建最终输出结果。

4.3　虚拟现实三维图形引擎

OpenGL、Direct3D 等基础图形库可以快速完成多边形等简单图形的绘制和渲染。但是要求使用者必须对其基础命令非常熟悉，当需要绘制复杂物体时，使用者必须将其分解为一系列基础图形库可以识别的命令。为追求方便快捷的开发效果，出现了基于基础图形库的三维图形引擎，如 Open Inventor、Optimizer 等。

4.3.1　Open Inventor

Open Inventor 最初叫 IRIS Inventor，是 SGI 公司开发的基于 OpenGL 的高级图形库[7]，可以在 Linux、Windows 等平台上使用，支持交互式 3D 图形应用程序的创建及对对象和交互事件的处理。Open Inventor 应用范围十分广泛，但是由于使用了特殊文件格式，开发者需要编写专门的格式转换程序。

4.3.2　OpenSceneGraph

OpenSceneGraph(简称 OSG)是基于 OpenGL 的应用程序接口[8]，能让程序员快速高效地开发跨平台交互式图形程序。OSG 用空间中的一系列连续对象来描述三维场景，通过场景及其参数的定义可以实现渲染功能的优化。OSG 封装了大量优化算法，支持骨骼动画和关键帧动画。OSG 拥有大量扩展模块，其中，osgEarth、osgOcean 等扩展模块可以帮助开发人员进行强大的地形和水域的仿真。

4.3.3　OGRE

OGRE(object-oriented graphics rendering engine，面向对象图形渲染引擎)[9]可以帮助开发人员利用硬件加速完成 3D 图形绘制。OGRE 隐藏了底层图形库的细节，提供了一个基于世界对象和直观类的接口。OGRE 遵循设计为主导的设计理念，强调功能和文档的一致性，其最突出的特点就在于高质量、灵活、清晰的文档设计。

4.4　虚拟现实平台软件

基础图形库和高级图形库可以帮助开发者制作出精美的虚拟场景，但是一个完整的交互式虚拟现实系统的开发工作量巨大，从基本代码开始编写是不现实的。因此出现了专门的虚拟现实开发平台，来帮助开发者进行虚拟现实系统的设计与实现。根据侧重点不同，可将虚拟现实开发平台分为仿真引擎和游戏引擎两类。

4.4.1　仿真引擎

1. World Tool Kit

World Tool Kit(WTK)是 Sense8 公司开发的虚拟现实软件程序包，其中包含了大量的虚拟现实硬件驱动程序，方便实现多种虚拟现实输入/输出设备的连接，从而使得硬件设备的使用变得简单。不依赖于硬件环境的特点使得 WTK 得到了广泛的应用[10]。

WTK 用面向对象的方式来组织虚拟环境，提供多个类，其中常用的有 universe(场景)、object(对象)、polygon(多边形)、sensor(传感器)、viewpoint(视点)等。场景可以看成一棵树，树中包含虚拟环境中的所有对象，叶子结点为需要显示的几何体、光照等，中间结点为各种属性结点。场景树由仿真管理器进行管理，对其做深度优先遍历，对遍历到的各结点依次执行相应操作，例如遇到几何体结点就根据当前位置、方向、光照等画出该几何体，遇到变换结点就改变当前的位置和方向。在绘制场景时，WTK 根据当前视点自动屏蔽不可见部分，还会进行碰撞检测。

2. Vega Prime

Vega Prime 是 Presagis 公司[3]出品的跨平台、可扩展的虚拟现实开发环境，同时支持 OpenGL 和 Direct3D，可用于视景仿真、城市仿真、仿真训练等应用。Vega Prime 具有以下特性：

(1)基于 VSG(vega scene graph)。VSG 是高级的跨平台渲染 API，具有高效性、优化性和可定制性，支持内存泄露跟踪、基于帧的纹理调用、异步光线点处理和分布式渲染，与 C++ STL(standard template library，标准模板库)兼容。

(2)可定制的用户界面和可扩展模块。用户可以根据需求开发自己的模块并生成定制类，也可以调整三维应用程序，快速实现仿真应用程序。

(3)效率高。Vega Prime 支持异步数据库调用、碰撞检测、延迟更新控制等功能，有利于节省开发时间、快速生成高效的仿真应用。

3. Virtools

Virtools 是法国达索公司[11]研发的实时三维环境编辑软件。其最大特点在于提供了大量的 BB(building block)模块，普通开发者只需定义多个 BB 模块的输入/输出及逻辑关系即可快速开发出 Virtools 产品。高级开发者可利用软件开发工具包 SDK(software development kit)和 Virtools 脚本语言 VSL(virtools scripting language)创建自定义 BB 模块。目前，Virtools 在建筑设计、游戏开发、教育培训、工业仿真等领域已有广泛的应用。

4. Virtual Reality Platform

Virtual Reality Platform(VRP)是由中视典数字科技有限公司[12]独立开发的、具有完全自主知识产权的国产虚拟现实平台，代表着国内虚拟现实的开发水平。以 VRP 引擎为核心，现已推出 VRP-BUILDER 虚拟现实编辑器、VRP-3D 互联网平台、VRP-PHYSICS 物理模拟系统、VRP-DIGICITY 数字城市平台、VRP-INDUSIM 工业仿真平台、VRP-TRAVEL 虚拟旅游平台、VRP-MUSE-UM 虚拟展馆、VRP-STORY 故事编辑器等多个相关软件平台。VRP 高级模块还包括 VRP-多通道环幕模块、VRP-立体投影模块、VRP-多 PC 级联网络计算模块、VRP-游戏外设模块和 VRP-多媒体插件模块 5 个模块。

VRP 具有操作简单、易上手、所见即所得等特点，它的出现打破了虚拟现实领域由国外公司垄断的局面，性价比较高，目前已成为国内市场占有率第一的国产平台软件。VRP 实现了与 3ds Max 的无缝集成，并支持逼真的实时渲染。

本书将在第 6 章中对 VRP 的基本功能进行详细介绍。

4.4.2 3D 游戏引擎

3D 游戏引擎和仿真软件具有一定的相似性，例如，都以强大的三维图形引擎为表现基础，都强调场景管理、渲染、二次开发、网络等功能。但仿真软件注重仿真流程和功能，对画面要求不高，而游戏引擎更注重画面的精致程度、物理引擎、人工智能的表现力及游戏的逻辑编辑能力。3D 游戏引擎和仿真软件虽然侧重点不同，但二者有越来越相似的趋势。游戏引擎一般都包括图形引擎、声音引擎、物理引擎、人工智能、游戏界面设计等功能模块。目前最具代表性的游戏引擎当属 Unity3D、Unreal Engine 和 CryEngine。

1. Unity3D

Unity3D 是 Unity Technologies 公司开发的专业游戏引擎[13]，支持多平台开发，可以将游戏发布至 Wii、苹果 IOS 及安卓平台。Unity3D 选项卡式的界面设计、精确导航、绘制工具等交互式的开发环境使开发者可以轻松地创建三维游戏、实时动画等。

2. Unreal Engine

Unreal Engine(虚幻引擎)由美国 Epic 公司开发，是目前世界上最知名、授权最广的专业游戏引擎[14]，占据了全球商用游戏引擎 80％的市场份额，暴雪、育碧等著名游戏公司都使用 Unreal Engine。其开发的著名游戏有《战争机器》《镜之边缘》等。每秒两亿个多边形运算的高效运算能力加上即时光迹追踪、虚拟位移等新技术保证了电影级的画质。

3. CryEngine

CryEngine(简称 CE)是德国 Crytek 公司研发的游戏引擎。CryEngine 3 提供了完整的植物与地表生成系统，植物的表现符合地形、海拔、生长密度等规则，还可以手动添加额外的生长参数。下一代粒子系统简化了烟雾、爆炸等特效的创建过程，并能够与风、光线等实时交互。实时动态全局光照、动态软阴影、原始动态模糊、景深等技术加强了画质感，另外还支持动态寻径、日夜时间循环等人工智能模块。CryEngine 3 制作的著名游戏有《孤岛惊魂》《孤岛危机》《战争前线》等。和 Unreal Engine 朦胧的画面相比，CryEngine 的整体效果更接近现实。

4.5　虚拟现实的网络规范语言

4.5.1　VRML/X3D

虚拟现实建模语言(virtual reality modeling language，VRML)是国际标准化组织 ISO 定义的国际标准，是面向 Web、面向对象的三维建模语言。HTML 网页只能呈现出二维平面效果，而 VRML 可以在网页上创造出三维立体效果。VRML 1.0 基于 SGI 公司的 Open Inventor 文件格式，只支持静态三维场景，VRML 2.0 加强了交互性和动画功能，为对象增加了行为，实现了旋转、行走等动态效果，因此被称为第二代 Web 语言。

目前 VRML 已经发展成为新的国际标准 X3D，它是一种支持 XML 编码格式的开放式 3D 标准，3D 数据可以通过网络实现交流，可移植性和页面整合性高。组件化的结构设计减少了对内存资源的占用，具有很强的可扩展性。

4.5.2　Cult3D

Cult3D 是瑞典 Cycore 公司[16]开发的 3D 网络技术，目前在电子商务领域已经得到了广泛应用。该技术对硬件要求较低，用很小的文档即可实现逼真的 3D 互动效果。一般浏览器只需安装一个插件即可浏览 Cult3D 效果。Cult3D 的内核基于 Java，可以利用 Java 实现扩展，支持跨平台运行。

4.5.3　Java 3D

Java 3D 是 Java 语言在三维图形领域的扩展[17]。Java 3D 综合了 OpenGL 和 Direct3D 的优点，对底层 API 进行了高效封装。利用其提供的 API 可以轻松编写出基于网页的三维动画、游戏等应用。Java 3D 具有平台无关性、可扩展性、一致性、安全性等特点，其应用可以在浏览器上直接观看，不需要安装插件。

除以上介绍的几何建模软件、基础图形库、三维图形引擎、仿真引擎、游戏引擎外，虚拟现实系统的开发还需要用到一些其他的辅助软件，如图像处理软件Photoshop、Illustrator、CoreDraw，音频处理软件 Animator、SoundLab 等。由于篇幅所限，本书就不再一一介绍。

习　　题

(1)3ds Max 和 Maya 有何区别？各自适用于什么样的应用开发？

(2)简述游戏和仿真软件开发中的层次关系。

(3)简述游戏引擎和仿真引擎的区别与联系。

(4)对比 OpenGL 和 Direct 3D 的特点。

(5)列举常见的三维图形引擎，分析其主要特点。

(6)比较 Vega、Virtools 和 VRP 这三种仿真开发平台，它们各自适用于什么样的应用开发？

(7)查找 Unity3D、Unreal Engine 和 CryEngine 三种游戏引擎的相关资料，分析其主要特点。

(8)简述 VRML 和 HTML 的区别，其各自优势在于哪些方面？

(9)简述 VRML 到 X3D 的演变过程。

(10)和其他虚拟现实的网络规范语言相比，Cult3D 具有哪些突出的优势？

(11)由于扩展自 Java，因此 Java 3D 具有哪些基本特点？

参 考 文 献

[1] 3ds Max . http：//www. autodesk. com. cn/products/3ds-max/overview [2015-04-24].

[2] Maya http：//www. autodesk. com. cn/products/maya/overview [2015-04-24].

[3] Multigen Creator. http：//www. presagis. com/ [2015-04-24].

[4] Lightwave . http：//newtek. com/ [2015-04-24].

[5] OpenGL. https：//www. opengl. org/ [2015-04-24].

[6] Direct3D. http：//www. microsoft. com/en-us/download/details. aspx？ id=23111 [2015-04-24].

[7] Open Inventor. http：//oss. sgi. com/projects/inventor/ [2015-04-24].

[8] OpenSceneGraph. http：//www. openscenegraph. org/ [2015-04-24].

[9] OGRE. http：//www. ogre3d. org/ [2015-04-24].

[10] WTK. http：//www. cs. princeton. edu/courses/archive/spring01/cs598b/papers/wtk. pdf [2015-04-24].

［11］ 达索公司. http：//www. 3ds. com/ ［2015-04-24］.

［12］ 中视典公司. http：//www. vrp3d. com/ ［2015-04-24］.

［13］ Unty3D. http：//unity3d. com/ ［2015-04-24］.

［14］ Unreal Engine. https：//www. unrealengine. com/ ［2015-04-24］.

［15］ CryEngine. http：//cryengine. com/ ［2015-04-24］.

［16］ Cycore 公司. http：//cycoresystems. com/ ［2015-04-24］.

［17］ Java 3D https：//java3d. java. net/ ［2015-04-24］.

第 5 章　虚拟现实建模软件 3ds Max

【主要知识点】

(1)3ds Max 主界面。

(2)标准几何体建模。

(3)扩展几何体建模。

(4)二维图形建模。

(5)材质和贴图。

(6)贴图烘焙。

(7)灯光和摄影机。

在第 4 章中已经介绍过，3ds Max 是应用非常广泛的三维建模、动画制作和渲染软件，广泛应用于游戏开发、建筑设计、工业制图、虚拟现实等众多领域。本章主要介绍 3ds Max 几何体建模、二维图形建模、材质和贴图、烘焙、灯光、摄影机等基本功能。

5.1　主界面简介

启动 3ds Max 程序后，用户将看到如图 5.1 所示的主界面（本书以 3ds Max 2010 英文版为例），分为菜单栏、工具栏、视图区、命令面板、状态栏、动画控制区、视图控制区等。

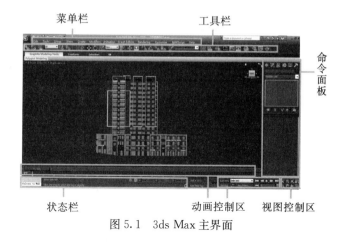

图 5.1　3ds Max 主界面

5.1.1　菜单栏

和其他 Windows 软件类似，3ds Max 的菜单栏包括编辑（edit）、工具（tools）、视图（views）等菜单项。

5.1.2　工具栏

工具栏位于菜单栏下方，提供很多常用工具及其对话框，可以实现选择及移动（select and move）、选择及旋转（select and rotate）、选择及等比例缩放（select and uniform scale）、快速渲染（quick render）等操作。

5.1.3　视图区

视图区是位于主界面中心区域的工作区，用户可以从不同角度来查看所建立的三维场景。系统提供透视视图（prospective）、前视图（front）、顶视图（top）、左视图（left）等视图方式。其中，透视视图（默认视图，用黄色边框标明）最接近于人眼视角，其他三个视图则为 3D 场景的 2D 正交视图，即沿 X、Y、Z 轴的正方向看到的场景。

5.1.4　视图控制区

主界面右下角的视图控制区可以控制视图中物体显示的大小、方向等，各按钮功能见图 5.2。

图 5.2　视图控制区各按钮功能

5.1.5　命令面板

位于主界面右边的命令面板(command panel)由 6 个标签项组成,用于模型的创建和编辑。各标签项的功能如下:

(1)建立(create),用于创建几何体、二维图形、灯光、摄影机等对象。

(2)修改(modify),对选中的对象进行编辑,使之产生挤出、倒角等效果。

(3)层次(hierarchy),控制层级连接对象。

(4)运动(motion),对动画过程中的各种参数进行设置。

(5)显示(display),控制对象在场景中的可见性。

(6)嵌入工具(utilities),系统外挂特殊模块。

5.1.6　动画控制区

动画控制区由视图区下方的跟踪条 Track Bar 和右下方的一组动画控制按钮组成。其中,带箭头的 5 个按钮实现动画的播放控制,Auto Key 实现关键帧的自动设置,Set Keys 用于设置关键点。拖动跟踪条上的时间滑块可以观看动画效果。

5.1.7　状态栏

状态栏位于屏幕下方,用于显示当前所选对象或视图的 X、Y、Z 坐标及当前视图栅格使用的距离单位。Selection Lock Toggle 按钮 用于锁定/解锁选中对象。

5.2　3ds Max 文件操作

3ds Max 的基本文件操作如打开(open)、保存(save)、另存为(save as)等和其他 Windows 程序类似，比较特别的是文件导入、导出及合并操作。文件导入及导出功能可以读入或读出非 3ds Max 标准格式的场景文件，从而实现和VRML、AutoCAD、Cult3D 等其他软件的数据交换。文件合并功能可以将多个场景合并为一个复杂场景。

5.3　几何体建模

3ds Max 的命令面板的 Create 标签项中提供了多种几何形状，可以在其下拉列表中选择 Standard Primitives（标准几何体）或 Extended Primitives（扩展几何体）来创建各种几何体。Modify 标签项可以对这些几何体进行各种变形，从而制作出更为复杂的三维模型。

5.3.1　标准几何体建模

在命令面板的 Create 标签项■的 Geometry（几何体）■的下拉列表中选择Standard Primitives，其下方出现长方体、圆锥体等 10 种标准几何体（图 5.3）。

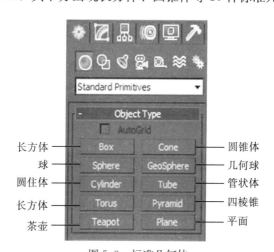

图 5.3　标准几何体

【例 5.1】制作一张如图 5.4 所示的方凳。

图 5.4　方凳

模型分析：该模型由 4 个凳腿和 1 个凳面构成，可以通过标准几何体中的长方体来实现。

1)制作 4 个凳腿

首先在命令面板的 Create 标签项的 Geometry 下拉列表中选择 Standard Primitives，然后选择 Box(长方体)。在顶视图中拖动鼠标左键定义好凳腿底部面积，释放鼠标左键创建出凳腿底部。然后向上拖动鼠标左键定义好凳腿高度，单击鼠标左键创建出完整的凳腿。在 Parameters(参数)一栏中将凳腿的 Length (长)、Width(宽)、Height(高)分别设置为 5.0，6.0，10.0。在 Name and Color (名字和颜色)中将凳腿颜色改为棕色。

选中凳腿，按住 Shift 键的同时拖动鼠标左键，在弹出的对话框中将 Numbers of Copies(复制数量)设置为 3，即可复制出其他三个凳腿。

拖动凳腿，放置到合适位置。可利用不同视图实现对齐效果。

提示 1：对象属性的修改。

新建对象时可在 Parameters 一栏中设置对象属性。对于已经创建好的对象，则应在 Modify 标签项 的 Parameters 一栏中进行设置。

提示 2：对象的变换操作。

(1)选中多个对象。在某个视图中按下 Ctrl 键，同时用鼠标选取多个对象(或 Ctrl＋A 实现全选)；或单击工具栏上的 Select by Name(按名字选择)工具 ，在弹出的 Select from Scene(从场景中选择)对话框的列表中选择所需对象(或 Ctrl＋A 实现全选)，单击"OK"。

(2)移动。选中工具栏上的 Select and Move(选择并移动)工具 ，在视图中选择某对象,将鼠标移到 X、Y、Z 任意一轴上,该轴高显为黄色,拖动该轴即可实现沿该方向的移动。将鼠标移到两轴之间的平面上(也叫平面句柄 plane handle),该平面高显为黄色,拖动该平面即可实现沿该平面的移动。

(3)旋转。和移动操作类似,选中工具栏上的 Select and Rotate(选择并旋转)工具 ,在视图中选择某对象,拖动某一轴可以实现沿该轴的旋转,也可拖动两轴的平面句柄实现自由旋转。

(4)缩放。选中工具栏上的 Select and Non-uniform Scale(选择并不成比例缩放)工具 (或按下 R 键),在视图中选择某对象,拖动平面句柄实现沿该平面的缩放,拖动原点位置实现整体缩放。

另外,在状态栏的 X、Y、Z 栏输入参数可以实现精确变换。

2)制作凳面

和凳腿的制作方法类似,选中 Box,画出凳面,在 Parameters 一栏中将其属性 Length、Width、Height 分别设置为 50.0,50.0,5.0,将其放置到合适位置就完成了方凳的制作。

选中所有对象,选中系统菜单 Group→Group,将组名取为 Chair 即可将凳子的所有部件组成一个分组,方便以后的整体编辑和使用。Group→Ungroup 可以解除分组。

3)快速渲染

选中透视图,使用视图控制区的 Oribit(环绕)工具 进行视角调整。单击工具栏上的 Render Production(快速渲染)工具 (快捷键 F9),出现快速渲染对话框,单击"保存"图标则可将渲染效果保存为图片。

4)保存

单击菜单 File→Save,将模型保存为"方凳.max"。

5.3.2 扩展几何体建模

除 Standard Primitives 外,还可以利用如图 5.5 所示的 Extended Primitives 实现更多三维物体的制作。

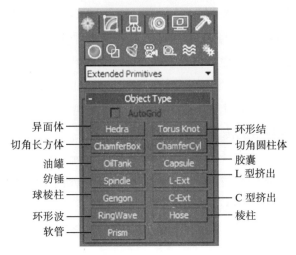

图 5.5 扩展几何体

左侧标注（从上到下）：异面体、切角长方体、油罐、纺锤、球棱柱、环形波、软管

按钮（从上到下）：Hedra、ChamferBox、OilTank、Spindle、Gengon、RingWave、Prism

中间右列按钮：Torus Knot、ChamferCyl、Capsule、L-Ext、C-Ext、Hose

右侧标注（从上到下）：环形结、切角圆柱体、胶囊、L 型挤出、C 型挤出、棱柱

【例 5.2】制作一张如图 5.6 所示的沙发。

图 5.6 沙发

模型分析：该模型由 1 个底座、3 个沙发垫、2 个扶手、1 个靠背组成，可以通过扩展几何体中的切角长方体来实现。

1)制作沙发底座

图 5.7 沙发底座的参数

首先在命令面板的 Create 标签项的 Geometry 下方列表中选择 Extended Primitives，在其下方选择 ChamferBox(切角长方体)。在顶视图中拖动鼠标左键定义好沙发底座面积，释放鼠标左键创建出沙发底座底部。然后向上拖动鼠标左键定义好沙发底座高度，单击鼠标左键创建出完整的沙发底座。Parameters 一栏中的参数设置如图 5.7 所示。其中，Fillet(圆角)用于控制圆角大小，Fillet Segs(圆角分段)控制圆角边缘的圆滑度。

2)制作沙发垫

和沙发底座的制作方法类似,利用 ChamferBox 创建出一个坐垫,其参数如图 5.8 所示。将坐垫放置在沙发底座上方,按下 Shift 键并拖动坐垫,在弹出的对话框中选择 Instance(在原对象和复制对象之间建立联系,其中任意一个对象的改变会自动影响其他复制对象),Number of Copies 设置为 2,单击"OK"即可创建出其他两个坐垫。

3)制作沙发扶手

和沙发底座的制作方法类似,利用 ChamferBox 创建出一个坐垫,其参数如图 5.9 所示。将扶手放置在沙发底座旁边,按下 Shift 键并拖动坐垫,在弹出对话框中选择 Instance,Number of Copies 设置为 1,单击"OK"即可创建出另一个扶手。

图 5.8　沙发坐垫的参数

图 5.9　沙发扶手的参数

4)制作沙发靠背

和沙发底座的制作方法类似,利用 ChamferBox 创建出一个靠背,其参数如图 5.10 所示。将其放置在沙发底座的背后。

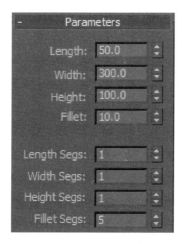

图 5.10　沙发靠背的参数

5)赋材质和贴图

单击工具栏上的 Material Editor(材质编辑器，快捷键 M)，在弹出窗口中上方的材质样本球中选择第一个样本球。系统默认的材质为 Standard(标准)材质，可以单击 Standard，在弹出窗口中双击选中 Architectural(建筑)材质。在 Templates(模板)的下拉列表中选择 Fabric(纺织品)，单击 Physical Qualities(物理性质)的 Diffuse Color(漫反射颜色)后面的按钮，在弹出窗口中选择浅蓝色，单击 Assign Material to Selection(将材质赋给所选对象)工具，这时沙发变为浅蓝色。在资源管理器中选中一张贴图，将其拖动到 Diffuse Map(漫反射贴图)后面的 None 按钮上(或者单击 None 按钮进入 Material/Map Browser 材质贴图浏览器，在右边列表中选择第一个 Bitmap 位图，然后在弹出的对话框中选择所需贴图)，这时该按钮的名称变为贴图文件的名字。单击 Show Standard Map in Viewport(在视窗中显示标准贴图)工具，在视图中即可看到为沙发赋上了贴图。

5.3.3　系统自带模型

除了使用标准几何体和扩展几何体进行模型的搭建外，还可以使用 3ds Max 自带的门(Doors)、窗(Windows)、楼梯(Stairs)等。这些系统自带的模型可以在命令面板 Create 标签项的 Geometry 下拉菜单中找到。以门为例，选中 Geometry 下拉菜单中的 Doors，下方出现三种对象类型：Pivot(枢轴门)、Sliding(推拉门)、BiFold(折叠门)。假设选择的是推拉门，可以用和建立长方体类似的方法创建出一道门。在 Modify 标签项的 Parameters 下可以设置门的 Height、Width 和 Depth，Open(打开)用于设置开门的角度。同理也可以对 Frame(门框)进行设置。

5.4　二维图形建模

除了上述介绍的标准几何体和扩展几何体外，在 3ds Max 中还可以利用二维图形和修改器来创建三维模型。基本步骤为：首先利用命令面板 Create 标签项的 Shapes(图形)中提供的各种工具创建出二维图形，然后通过 Modify 标签项的 Modifier List(修改器列表)中的各种修改器对二维图形进行编辑和修改，从而制作出更加复杂的三维模型。图 5.11 显示的是 Shapes 面板提供的各种二维图形，相关参数可在 Parameters 中进行修改。

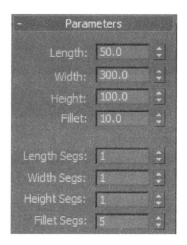

图 5.11　Shapes 面板中提供的各种二维图形

5.4.1　二维图形的编辑和修改

1. 创建线条

在 Shapes 面板中选中 Line，然后用鼠标左键在视图中拖动画出线条。单击左键为该线条添加一个顶点，长按左键可画出曲线，按下 Shift 键并拖动左键可画出直线，退格键可删除最新顶点，单击右键结束画图。

提示：按下 G 键可以隐藏视图中的网格线。

2. 修改线条

创建好线条后在 Modify 标签项的 Modifier List 下方出现图标 Line，单击其前面的加号将其展开，可以看到对线条的修改可以在 Vertex(顶点)、Segment(线段)、Spline(样条)等不同层次进行(图 5.12)。例如，选中 Vertex 或 Modifier List 下方 Selection(选择)中的第一项，线条上的所有顶点黄色高显，选中任意顶点(红色高显)并拖动可以实现线条外观的修改。

在右键快捷菜单中选择 Smooth(平滑)、Bezier(贝叶斯)或 Bezier Corner(贝叶斯角点)也可以实现线条的修改和平滑(图 5.13)。

图 5.12　线条编辑

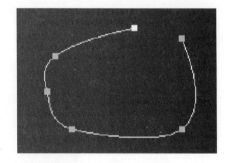

图 5.13　线条平滑效果

提示：对于矩形、圆形等不能编辑的二维图形，可选中该对象，在系统菜单中选择 Modifiers→Patch/Spline Editing（面片/样条编辑）→Edit Spline（编辑样条），则在命名面板的 Modify 标签项的 Modifier List 下方出现如图 5.12 所示的列表，同样可以在 Vertex、Segment、Spline 等不同层次进行图形编辑。

按照以上方法创建出的二维图形并没有立体效果，不能在渲染效果中得到显示，因此必须要将其转换为三维模型。常用的二维图形建模的方法有 Extrude（挤出）、Lathe（车削）、Bevel（倒角）、Bevel Profile（倒角剖面）等。

5.4.2　Extrude

Extrude 功能可以将 2D 图形拉伸成为 3D 模型。选中图 5.13 所示的曲线，在系统菜单中选择 Modifiers→Mesh Editing（网格编辑）→Extrude，或在命名面板的 Modify 标签项的 Modifier List 中选择 Extrude，则可形成图 5.14 所示的三维模型，同时在 Modifier List 下方出现 Extrude 修改器。Parameters 中的 Amounts 和 Segments 分别用于控制高度和线段数。关闭修改器前面的灯可以取消该修改器效果。

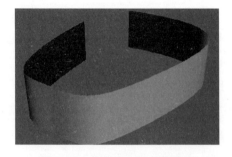

图 5.14　线条挤出的三维模型

如果模型的边缘不够平滑，则可在 Modifier List 下方选中该模型，将其下方 Interpolation(插值)中的 Steps(步长)增大即可。

【例 5.3】利用挤出功能制作一款如图 5.15 所示的茶几。

图 5.15　茶几

模型分析：该模型由 2 个支架和 1 个桌面构成。使用矩形的挤出效果制作出镂空的支架效果，使用圆形的挤出效果制作出桌面。

1)制作支架

在 Shapes 面板选择 Rectangle(矩形)，分别创建出大小两个矩形。选中大的矩形，在系统菜单中选择 Modifiers→Patch/Spline Editing→Edit Spline。选择命令面板的 Modify 标签项的 Geometry 中的 Attach(附加)，单击小的矩形，此时两个矩形变为相同颜色。在系统菜单中选择 Modifiers→Mesh Editing→Extrude，则得到支架镂空效果。

按下 Shift 键并拖动创建出另一个相同的支架。通过旋转功能将两个支架放置在合适位置。将支架的颜色修改为木色。

提示：上述操作展示了如何对附加二维图形做挤出操作从而实现镂空效果。对于有重叠部分的多个三维物体而言，通过布尔运算也可以实现镂空效果。

以制作一个洗手台为例，首先画出如图 5.16 所示的两个带圆角的切角长方体。选中大长方体，然后在 Create 标签项的 Geometry 下拉列表中选择 Compound Objects(复合体)，选择其下方的 Boolean(布尔运算)。在其下方的 Pick Boolean(拾取布尔)的 Operation(操作)中选择 Subtraction(A-B)，然后单击 Pick Operand B(选择操作数 B)，在视图中选取小长方体，即出现如图 5.17 所示的差值效果。

图 5.16　洗手台的基本模型

图 5.17　布尔运算结果

除 Subtraction(差值)外，Operation 中还提供 Union(并集)、Intersection(交集)等布尔运算。

若要一次性实现多个布尔效果，例如图 5.17 中要做出 2 个洗手台，则需要首先画出两个洗手台，选中其中一个，Modify 标签项的 Modifier List 下方的 ChamferBox 上右键选择 Editable Mesh(可编辑网格)，然后在其下方的 Edit Geometry(编辑几何体)中单击 Attach，在视图中选中另一个洗手台，这时两个洗手台变为相同颜色，说明它们成为一组。在视图中选中大长方体，在 Create 标签项的 Geometry 下拉列表中选择 Compound Objects，选择其下方的 Boolean。在其下方的 Pick Boolean 的 Operation 中选择 Subtraction，然后单击 Pick Operand B，在视图中选取小长方体组，即出现两个洗手台的差值运算结果。

2)制作桌面

利用 Create 标签项的 Shapes 中的 Circle(圆形)创建一个圆形，在系统菜单中选择 Modifiers→Mesh Editing→Extrude，则得到桌面的三维模型。如果桌面的边缘不够平滑，则可在命令面板的 Modify 标签项的 Modifier List 下方选中该模型，将其下方的 Interpolation 中的 Steps 增大。

提示：如果想要制作异形桌面，则在系统菜单中选择 Modifiers→Patch/Spline Editing→Edit Spline。在命令面板的 Modify 标签项的 Edit Spline 中选中 Vertex，在视图中选中一个顶点，利用工具栏的移动工具移动该顶点，从而实现桌面的异形效果。

按下 M 键打开材质编辑器，将 Color 设置为浅灰色，Opacity(透明度)设置为 36。快速渲染后得到图 5.15 所示的茶几模型。

5.4.3　Lathe

Lathe 功能可以令 2D 图形自行旋转成为一个 3D 模型。

【例 5.4】制作一个如图 5.18 所示的杯子。

模型分析：首先画出杯子的半个剖面图(图 5.19)，然后利用 Lathe 功能自行旋转形成完整的杯子造型。

图 5.18　车削效果

图 5.19　杯子的半个剖面图

1)制作杯子的半个剖面图

在命令面板的 Create 标签项的 Shapes 下选中 Line，在顶视图中画出杯子的半个剖面图的外轮廓线(图 5.19)。然后点开 Modify 标签项中 Line 前面的加号，选择 Vertex。在顶视图中选中转角处的顶点，右键选择 Bezier Corner，选中工具栏上的 Select and Move 工具，拖动 Bezier Corner 两个绿色的控制杆调整出的圆角(拖动的过程中按下 F8 可以约束曲线沿 X、Y 轴的变形)。点开 Modify 标签项中 Line 前面的加号，选择 Spline，在其下方 Geometry 中单击 Outline，在视图中选中该曲线并拖动左键形成杯子轮廓。

若想制作出圆角杯口则需要修改杯口形状：点开 Modify 标签项中 Line 前面的加号，选择 Vertex。然后选择其下方的 Refine(改善)，在杯口中间左键单击一下，则在该处增加一个顶点。选择工具栏上的 Select and Move 工具，在该顶点上右键选择 Bezier Corner，拖动 Bezier Corner 两个绿色的控制杆调整出杯口的圆角。

2)车削

选中杯子剖面，在系统菜单中选择 Modifiers→Patch/Spline Editing→Lathe，Parameters 下的 Align(对齐)选择 Max，即出现如图 5.18 所示的车削效果。将模型翻转到底部，若存在底部焊接不全的问题，则在 Modify 标签项的 Parameters 下勾选 Weld Core(焊接内核)即可。如果杯口边缘不太平滑则可将 Parameters 下的 Segments 增大。

5.4.4　Bevel

前面介绍的 Extrude 命令实现的是二维图形的整体挤出。3ds Max 还提供另外一类针对二维图形的 Bevel 命令,其效果和挤出类似,但支持多段挤出的拼接效果,特别适用于物体边缘塌陷等细节效果的制作。例 5.3 利用挤出命令制作出了一款茶几。下面将利用倒角命令制作一款类似的茶几。

图 5.20　利用倒角命令制作的茶几

【例 5.5】利用 Bevel 命令制作一款如图 5.20所示的茶几。

模型分析:该模型由两个支架和一个桌面构成。首先使用圆形的倒角效果制作出桌面。可以仿照例 5.3 利用挤出命令制作支架,也可利用可编辑样条线功能将圆角矩形做一定厚度的渲染。

1)制作桌面

在命令面板的 Create 标签项下选择 Shapes,选择 Circle,在顶视图中画出一个圆。在 Modify 标签项的 Modify List 中选择 Bevel,将 Bevel Values 按照图 5.21 所示设置,即制作出桌面。

2)制作支架

在命令面板的 Create 标签项下选择 Shapes,选择 Rectangle,在顶视图中画出一个矩形。在 Modify 标签项的 Parameters 属性列表中将 Corner Radius(圆角半径)设为 50。

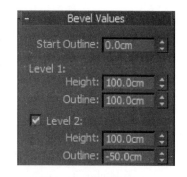

图 5.21　倒角设置

在系统菜单中选择 Modifiers→Patch/Spline Editing→Renderable Spline Modifier(可编辑样条修改器),然后在 Modify 标签项的 Parameters 属性列表中设置合适的 Thickness(厚度)、Length 和 Width。注意,如果是圆柱形支架则系统会在属性列表中自动选择 Radial。

按下 Shift 键并旋转支架,创建另一个支架。

提示:二维图形是没有厚度的,可以利用挤出命令增加其厚度,也可以利用系统菜单 Modifiers→Patch/Spline Editing→Renderable Spline Modifier 命令将其转换为可编辑样条线,然后在其 Parameters 属性列表中修改其厚度。

5.4.5　Bevel Profile

Bevel Profile 和前面介绍的 Lathe 命令类似。车削效果是二维图形沿自身剖面旋转而成，而倒角剖面操作可沿任意指定剖面旋转。

【例 5.6】将例 5.1 中的椅面修改为如图 5.22 所示的风格。

图 5.22　利用转角剖面制作的椅面

模型分析：首先制作一大一小两个矩形，然后利用倒角剖面功能让作为剖面的小矩形沿着作为路径的大矩形旋转一圈即可。

1）制作剖面

先画出一个小矩形，在命令面板的 Modify 标签项中选中 Rectangle，右键选择 Editable Spline（可编辑样条）。在视图中选中矩形右上角的顶点，沿着 XY 平面往内拖动，形成如图 5.23 所示的剖面。

2）倒角剖面

画出一个椅面大小的矩形，在 Modify 标签项的 Modifier List 中选中 Bevel Profile，在 Parameters 中单击 Pick Profile（拾取剖面），在视图中选中小矩形，倒角剖面结果如图 5.24 所示。

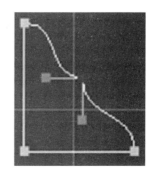

图 5.23　剖面

图 5.24　倒角剖面效果

3）封闭剖面

由于剖面的闭合性和倒角剖面结果的闭合性是相反的，因此为了封闭椅面，需要对剖面进行修改。选中小矩形的两条直线段，单击 Delete 键删除，则出现如图 5.22 所示效果。

5.4.6　Loft

Loft(放样)建模是将一个横截面沿某个路径曲线移动从而形成三维模型。例如，将一个矩形沿着图 5.25 所示的路径曲线放样就能形成图 5.26 所示的杯子把手。可以通过修改横截面或路径曲线的属性来编辑放样效果。

图 5.25　横截面及放样路径　　　　　图 5.26　杯子把手放样效果

1. 单截面放样

【例 5.7】制作一支如图 5.27 所示的颜料管。

图 5.27　利用放样制作的颜料管

模型分析：该模型分为盖子和管体两部分，基本模型可以分别通过星形和圆形放样生成。管体的头部、尾部可以通过修改变形曲线而成。

1)制作盖子

选择命令面板 Create 标签项的 Shapes 中的 Star(星形)，在视图中画出一个星形，Modify 标签项的 Parameters 中将 Radius1(半径 1)和 Radius2(半径 2)分别设为 30 和 29，Points(顶点数)设为 35。

画出一条线段，在 Create 标签项的 Geometry 的下拉列表中选择 Compound Objects(复合对象)，再单击下方的 Loft。在其 Creation Method(创建方法)中选择 Get Shape(获取图形)，在视图中选中星形，即得到放样出的盖子模型。

修改放样结果：在 Modify 标签项的 Deformations(变形)下选择 Scale(缩

放），在弹出窗口中往下拖动曲线左端控制点，制作出盖子顶部小底部大的效果。

提示：放样操作中可以先选择放样路径再获取截面图形（Get Shape），也可以先选择截面图形再获取路径（Get Path）。

2）制作管体

同盖子的放样方法类似，先画一个圆形，再画一条线段，选择圆形为放样图形则得到管体的放样结果。

修改管头：在 Modify 标签项的 Deformations 下选择 Scale，在弹出窗口中的工具栏上选择 Insert Corner Point（插入角点）工具，在曲线的左边单击左键两次插入两个角点，拖动左键调整其位置（图 5.28）形成管头效果。

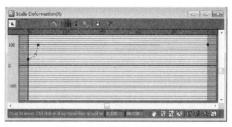

图 5.28　管头变形操作

修改管尾：为了制作出扁平的管尾效果，需要再次对变形曲线进行修改。单击变形窗口工具栏上的第一个工具，取消 XY 轴对称锁定，然后单击第二个工具，拖动曲线右端角点至中线处（图 5.29）。在工具栏上选择 Insert Corner Point工具，在曲线的右端插入一个角点，拖动左键调整其位置，在该角点上右键选择 Bezier-Smooth（贝塞尔平滑）。

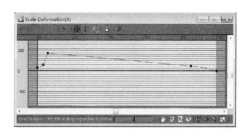

图 5.29　管尾变形操作

2. 多截面放样

例 5.7 展示了对两个部件分别进行放样的操作步骤，一个截面对应一条放样路径。对于一个物体上存在多种截面形状的模型，需要使用多截面放样建模，即令一条放样路径对应于多个截面。

【例 5.8】制作一支如图 5.30 所示的飞镖。

图 5.30　飞镖

模型分析：令一条线段作为放样路径，令一个圆形和一个星形分别为主体和尾部的截面，通过分段放样得到飞镖模型。

1)制作两个截面

图 5.31　截面形状

创建一个圆形和一个星形作为截面。星形 Parameters 中的 Points 设为 4。截面形状如图 5.31 所示。

2)创建飞镖主体

画出一条线段作为放样路径，在命令面板 Create 标签项的 Geometry 的下拉列表中选择 Compound Objects，再单击下方的 Loft。在其 Creation Method 中选择 Get Shape，在视图中选中圆形，即得到一个圆柱体。

3)修改飞镖尾部

选中放样模型，在 Path Parameters(路径参数)的 Path(路径)后输入 70，然后单击 Creation Methods 下的 Get Shape，在视图中选取圆形。再在 Path 后输入 75，然后单击 Creation Methods 下的 Get Shape，在视图中选取星形，即形成了飞镖的尾部。

4)调整尾部

仿照例 5.7，通过插入角点、移动角点、角点的贝塞尔平滑等操作对变形曲线进行如图 5.32 所示的调整。

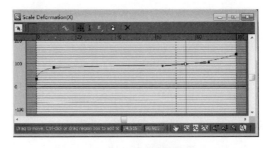

图 5.32　尾部变形操作

5.5　材质和贴图

在创建模型的过程中，虽然可以指定模型的颜色，但是单一颜色的真实感比较弱。因此需要学习如何利用材质为模型表面创造出一种光学效果，通过材质编辑来控制物体表面反光度、透明度、亮度等属性，令物体具有大理石、玻璃、金属等不同的质地、纹理和色彩，从而提高模型的真实感。贴图是材质编辑过程中一个非常重要的步骤，3ds Max 提供了多种贴图方法，可以制作出丰富的材质。在例 5.2 中已经简单展示过材质编辑器的用法，本节将对材质和贴图做详细介绍。

5.5.1　材质编辑器

在工具栏选择材质编辑器按钮或按快捷键 M，弹出材质编辑器窗口。材质球下方的 Standard 按钮是系统默认的标准材质，单击该按钮可在弹出窗口中选择其他的材质类型，例如室内物体建模通常选择 Architectural 材质。

材质编辑器窗口下方的 Templates 提供多种系统自带的材质效果，如 Fabric、Metal(金属)、Glass(玻璃)、Stone(石头)等。Physical Qualities 一栏可以修改物体表面的各种属性，例如，Diffuse Color 控制颜色，Diffuse Map 控制贴图，Shininess(反光度)控制光滑度从而可以控制倒影的清晰程度(如石材的反光度为 0，镜子的反光度为 100)，Transparency(透明度)控制物体的透明度(例如水和玻璃的透明度都很高)，Luminance(亮度)控制物体的自发光程度(如显示屏和灯罩具有一定的自发光效果，但这种发光对周围物体无照射效果)。Special Effects (特殊效果)下的 Bump(凹凸)可以制作出地面或浮雕等凹凸效果。

在为模型赋贴图之后可以单击 Diffuse Color 后面的位图按钮进行贴图的编辑。例如，Coordinates(坐标)下的 U Offset 和 V Offset 分别控制贴图在 X、Y 轴的偏移量，U Tiling 和 V Tiling 分别控制贴图在 X、Y 轴的平铺次数。单击 Bitmap Parameters(位图参数)的 Bitmap(位图)后的按钮可替换位图。完成贴图编辑后单击 Go To Parent(返回父对象)按钮 回到上一级界面。

5.5.2　贴图坐标

当贴图不符合要求或物体造型比较复杂的时候，需要添加贴图坐标以保证贴图均匀分布。3ds Max 提供了多种贴图坐标，其中最常用的是 UVW 贴图。

以一个带格子花纹的贴图为例，如果渲染图中发现格子分布不均，可以单击 Diffuse Color 后面的位图按钮进行贴图的编辑。也可以通过添加贴图坐标来解决贴图分布不均匀的问题。选择系统菜单 Modifiers→UV Coordinates(UV 坐标)→UVW Map(UVW 贴图)。命令面板 Modify 标签项的 Parameters 的 Mapping(贴图)下提供了多种贴图坐标，最常用的是 Planar(平面)和 Box，Planar 指上下两个面需要贴图，而 Box 是所有 6 个面都需要贴图。Length、Width 和 Height 分别控制在 X、Y、Z 轴的平铺面积。U Tile、V Tile 和 W Tile 分别控制在 X、Y、Z 轴的平铺次数。调整以上参数可以得到均匀分布的贴图效果。

除了实现均匀分布效果外，贴图坐标还可以确保放样等特殊操作制作出的模型的贴图也能正常显示。

提示：在贴图丢失的情况下进行渲染等操作时，系统会提示 Missing External Files(缺失外部文件)，无法产生正常的贴图渲染效果。这时应该重新指定贴图路径，在提示缺少外部文件的对话框下方选择 Browse(浏览)，在弹出的 Configure External File Paths(配置外部文件路径)对话框中单击 Add(添加)按钮，在弹出的 Choose New External Files Path(选择新的外部文件路径)对话框中找到贴图所在的文件夹，勾选 Add Subpaths(添加子路径)选项，然后单击 Use Path(使用路径)，再单击确定即可。

【例 5.9】制作一个如图 5.33 所示的场景，并为物体赋不同材质。

图 5.33　不同材质的渲染效果

模型分析：首先需要将已有模型合并入当前场景，然后利用材质编辑器分别为各个物体赋以不同的材质。

1）合并已有模型

选择系统菜单 File(文件)→Import(导入)→Merge(合并)，将所需模型导入当前场景。

2）为物体赋材质

这 4 个物体的材质各不相同。首先来制作绿色玻璃材质的杯子。快捷键 M 打开 Material Editor，选中一个空白材质球，单击 Standard 按钮，在弹出窗口中双击 Architectural 将默认的标准材质类型改为建筑材质类型。在 Template 下拉列表中选择 Glass-Clear(清晰的玻璃)材质，将 Physical Qualities 中的 Diffuse Color 设为浅绿色。按下 F9 快速渲染后可看到绿色玻璃杯的效果。同理，白色陶瓷茶壶的设置：材质类型为 Architectural，Template 为 Ceramic Tile，Glazed (光滑的陶瓷)，Diffuse Color 为白色。黑色金属桌腿的设置：材质类型为 Architectural，Template 为 Metal，Diffuse Color 为黑色。木纹桌面的设置：材质类型为 Architectural，Template 为 Wood Varnished(带油漆光泽的木材)，单击 Diffuse Map 后的 None 按钮，在弹出窗口中双击 Bitmap，再在弹出对话框中选择所需贴图。

3）修改环境色

所有材质都赋好了以后按下 F9 查看快速渲染结果，由于系统默认的环境色为黑色，因此黑色桌腿无法显示。这时需要修改环境色。选择系统菜单 Rendering(渲染)→Environment(环境)，在弹出的 Environment and Effects(环境和效果)窗口中的单击 Background(背景)的 Color(颜色)下方的黑色颜色按钮，将颜色改为白色。再次渲染会发现背景色变为白色，黑色桌腿得到正确显示。

除了将环境设为单一颜色外，还可以将图片设为环境贴图来提高模型的沉浸感。在环境和效果窗口中单击 Environment Map(环境贴图)下方的 None 按钮，选中一幅环境图片将其设为环境贴图。可以修改其环绕方式：在 Environment Map(环境位图)下方的位图按钮，将其拖动到材质编辑器的任意空白材质球上，Coordinates 下的 Mapping(环绕方式)由默认的 Screen(屏幕)方式改为 Cylindrical Environment(柱体环境)方式。这样环境贴图就将以柱体的方式环绕模型四周。

5.5.3　复合材质与贴图

前面介绍了如何给不同物体赋不同的材质，如果需要给同一物体的不同部位赋不同材质，则需要用到复合材质与贴图。

【例 5.10】制作一个如图 5.34 所示的茶壶。

图 5.34　利用复合材质制作的茶壶

模型分析：该模型的材质可分为两个部分，壶把和壶嘴为一组，壶体为另一组。在壶体网格上选择一组带状的多边形，赋予它青花瓷的贴图便可以制作出壶体上的带状花纹。

1）部件分组

选择系统菜单 Modifiers→Mesh Editing→Edit Mesh(编辑网格)，在 Modify 标签项下单击 Edit Mesh 前面的加号，其下方选择 Element，按下 Ctrl 键选择壶把和壶嘴，在 Surface Properties(曲面属性)的 Material(材质)的 Set ID(设置 ID) 后的文本框中输入 1，将选中的部件组合成为第一组(其 ID 号为 1)。选择系统菜单 Select(编辑)→Invert(反选)，选中剩余部件，在设置 ID 后的文本框中输入 2，将剩余部件组合成为第二组。

2）给第一组赋材质

在修改标签项下单击 Edit Mesh，按下快捷键 M 进入材质编辑器。单击 Standard，在弹出窗口中双击 Multi/Sub-Object(多个/子对象)，在弹出的 Replace Material(材质替换)对话框中选择 Keep old material as sub-material(将旧材质保存为子材质)，在材质编辑器下方出现 10 种空白材质。由于本例中只使用两种材质，单击 Set Number(设置数量)，将材质数设为 2。

单击第一组 Sub-Material(子材质)下方的 Default(Standard)按钮进入材质编辑界面，仿照例 5.9 将第一组的材质设为蓝色陶瓷，单击 Go To Parent 按钮返回上一层界面。

3）给第二组赋材质

由于壶体外部是白色陶瓷，而内部是淡黄色陶瓷，因此需要将第二组的材质类型设置为双面材质。单击第二组 Sub-Material 下方的 Default(Standard)按钮进入材质编辑界面，单击 Standard，在弹出窗口中选择 Double Sided(双面材质)，然后将 Facing Material(表面材质)和 Back Material(背面材质)分别设为白色陶瓷和淡黄色陶瓷。

提示：如果设置第二组材质时将 Facing Material 的位图设置为青花瓷贴图文件，则该贴图会遍布壶体(图 5.35)。若贴图分布不均匀则可参考 5.5.2 节利用贴图坐标加以调整。如果只需要带状花纹则需要进行接下来的设置。

图 5.35　花纹遍布壶体的效果

4）制作带状花纹

选择一个空材质球，单击下方 Diffuse 后面的按钮，在弹出窗口中双击 Bitmap，在弹出对话框中选择一幅青花瓷贴图。然后在 Modify 标签项下单击 Edit Mesh 前面的加号，其下方选择 Polygon，在顶视图中按下 Ctrl 键选中一圈带状多边形，然后在材质编辑器中选择 Assign Material to Selection，即可制作出如图 5.34 所示的带状花纹。

5.6　贴图烘焙

当虚拟场景需要实时更新时，光能传递计算需要占用大量 CPU 资源，严重时可能造成画面抖动等现象。为了节约实时计算成本，提高漫游质量，3ds Max 在前期模型渲染时提供一种贴图烘焙技术，将光照信息烘焙成贴图，然后将烘焙贴图贴回到原模型上。这样就将光照信息转换成了贴图，加快了渲染速度，在不影响用户漫游体验的前提下可以有效节约 CPU 计算资源，提高场景运行速度。

图 5.36 是结合例 5.9 和例 5.10 制作出的一个场景，其烘焙后的效果如

图 5.37 所示。对于静态场景而言，贴图烘焙技术效果可能不太明显，但在游戏或动态漫游等场景需要实时更新的应用中有着非常重要的作用。

图 5.36　烘焙前的效果

图 5.37　烘焙后的效果

【例 5.11】对图 5.36 所示的场景进行烘焙。

(1)首先选择 Rendering 渲染菜单下的 Render To Texture(渲染到纹理)，接下来在弹出的对话框中进行烘焙参数设置。

(2)在第一个常规设置面板 General Settings 中可设置烘焙贴图输出路径 Path。

(3)在场景中选中需要烘焙的模型，这些模型出现在第二个烘焙对象选择面板 Objects to Bake 的烘焙对象列表中，将 Selected Object Settings 选项下的 Padding 设置为 6。

(4)打开第三个输出面板 Output(图 5.38)，单击 Add，在弹出列表中列出了多种烘焙方式。通常选择 CompleteMap 即完整烘焙，单击 Add Elements，CompleteMap 出现在上方列表中。然后确定 Target Map Slot 的下拉列表中选中 Diffuse Color，可在 Element Background 处设置背景颜色。接着设置烘焙贴图的分辨率，可以选择系统提供的 6 种分辨率，也可以勾选 Use Automatic Map Size。

图 5.38　输出设置

（5）打开第四个烘焙材质面板 Baked Material，在 Backed Material Settings 下方选择 Create New Backed，下方列表中选择 Standard：Blinn。然后在 Automatic Mapping 下方将 Threshold Angle 和 Spacing 分别设置为 60 和 0.01。

（6）完成以上各面板的设置后，单击下方的 Render 进行烘焙。

图 5.37 是烘焙完成以后的场景，烘焙贴图自动贴回场景中，所以看到近似于渲染的效果。

5.7　灯光和摄影机

除以上介绍的材质和贴图外，灯光是提高三维场景真实感的另一个重要手段。3ds Max 主要提供了以下几种光源：

（1）泛光灯（Omni），朝周围均匀照射的点光源。

（2）目标聚光灯（Target Spot），方向可调整的光束。

（3）自由聚光灯（Free Spot），没有目标的聚光灯，可以和其他物体组合。

（4）目标定向光源（Target Direct），平行光束，可用于日光的模拟。

（5）自由定向光源（Free Direct），没有目标的定向光源，可以和其他物体组合。

首先通过一个简单的房间场景来介绍泛光灯的作用。

【例 5.11】利用灯光、摄影机制作一个如图 5.39 所示的房间场景。

图 5.39　一个房间场景

模型分析：首先利用挤出和布尔运算制作墙体，利用捕捉工具制作天花板和地板。添加灯光使整个房间得到均匀照明，再添加摄影机设置观察角度。

1）制作墙体

画出一个 5 米见方代表房间内墙轮廓的矩形，在 Modify 标签项下选中 Rectangle，右键选择 Editable Spline（可编辑样条线）。点开 Rectangle 前面的加号，选择 Spline。在其下方 Geometry 中单击 Outline，在其后面的文本框中输入 240mm。选中两个轮廓，在系统菜单中选择 Modifiers→Mesh Editing→Extrude，Parameters 中的 Amounts 设为 3m，即生成 5m 见方、高度为 3m、厚度为 240mm 的墙体。仿照 5.4.2 节利用布尔运算制作出窗子。

选择系统菜单 Modifier→Mesh Editing→Edit Mesh，在命令面板的 Modify 菜单项下点开 Edit Mesh 前面的加号，下方选择 Polygon，在视图中选中两个墙面，按下 Delete 键删除。

2）制作天花板和地板

右键单击工具栏上的 Snaps Toggle（捕捉）工具，在弹出的 Grid and Settings（网格和设置）对话框中取消 Grid Points，勾选 Vertex。选中 Create Shapes 下的 Rectangle，沿着内墙体的顶部画出一个矩形，系统自动将其和墙体顶部四周对齐。然后将其挤出 250mm。选中天花板，按下 Shift 键同时拖动左键复制出地板，选中地板的一个顶点，将其拖动到墙体底部对应的顶点上，系统自动将地板和墙体底部四周对齐。

3）添加灯光

选择命令面板的 Create 的 Lights，在其下方选择 Omni，将其放置在房间中央以使灯光均匀照亮整个房间。在修改面板中可以对阴影颜色、区域灯光类型等各种参数进行设置。

4）添加摄影机

如果想控制视野和视角，则需要添加摄影机。选择命令面板的 Create 的 Camera（摄影机），选择 Target（目标摄影机），在顶视图内拖动左键推出一台摄影机（图 5.40）。在左视图中拖动摄影机和摄影机目标之间的连线，将其整体移动到房间高度的一半处（图 5.41）。

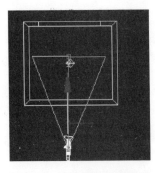

图 5.40 顶视图中的摄影机

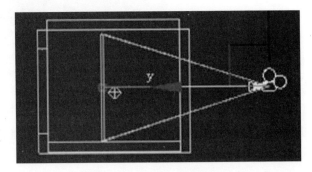

图 5.41 左视图中的摄影机

摄影机的修改：在透视图中按下 C 键和 P 键可以在摄影机画面和透视图之间进行切换，Shift+C 可以显示/隐藏摄像机。在视图中拖动摄影机和目标物都可以对摄影机效果进行修改，也可以在 Modify 标签项下修改 Lens（镜头）和 FOV（field of view，视野）。例如，减小 Lens 的值可以得到更宽阔的视野。

习　　题

(1)熟悉 3ds Max 各种视图方式。

(2)如何利用 ViewCube 和 SteeringWheel 改变当前视图？

(3)熟悉文件的导入、导出及合并功能。

(4)仿照例 5.1，制作一个中式凉亭。

(5)仿照例 5.2，制作一个有床头柜、衣柜、床、沙发等家具的房间场景。

(6)仿照例 5.3，制作一个有镂空效果的模型。

(7)解释布尔运算中的并集、交集、差集操作分别实现的是什么样的效果。

(8)仿照例 5.2 和例 5.3，制作一道有镂空效果、带把手的门。

(9)倒角、倒角剖面命令和挤出、车削命令有何区别？

(10)仿照例 5.5，利用倒角、可编辑样条线、倒角剖面等命令改进前面制作出的家具模型。

(11)放样和倒角剖面都需要一个截面和一个路径，二者有何区别？

(12)综合运用车削、挤出、布尔运算、放样、各种变形技术等操作，制作一套包含颜料盘、颜料和笔的颜料套件模型。

(13)材质和贴图各有什么区别和联系？

(14)简要分析一下建筑材质类型中提供的玻璃、金属、石头等不同材质的特点。

(15)3ds Max 提供的几种贴图坐标有何区别？

(16)如何修改环境色和环境贴图？

(17)综合利用合并模型、材质编辑器、贴图坐标、环境贴图、基本材质贴图、复合材质贴图等方法，制作一个类似例 5.9 的场景。

第6章　虚拟现实仿真平台软件 VRP

【主要知识点】

  (1)文件操作。

  (2)物体操作。

  (3)物体编辑。

  (4)相机操作。

  (5)碰撞检测。

  (6)骨骼动画。

  (7)环境特效。

  (8)粒子系统。

  (9)灯光。

  (10)特效。

  VRP(virtual reality platform)是一款由我国中视典数字科技有限公司(http：//www.vrp3d.com)独立开发的、具有完全自主知识产权的虚拟现实仿真平台软件。VRP 的出现打破了虚拟现实领域长期被国外产品垄断的局面，其以较高的性价比获得了国内广大用户的关注，是目前虚拟现实市场占有率最高的一款国产软件。

  VRP 用户界面简洁、操作简单，全中文的操作界面易学易用，通过简单的工具选择和设定就能快速实现摄像机、灯光、多媒体等的控制，从而帮助用户快速便捷地制作出虚拟现实产品。VRP 广泛应用于城市规划、建筑设计、工业仿真、数字展馆、应急预案等众多领域。

  VRP 在核心引擎的基础上开发了虚拟现实编辑器、3D 互联网平台、物理系统、虚拟旅游平台、网络三维虚拟展馆、工业仿真平台、三维仿真系统开发包、数字城市平台等产品体系。

  (1)VRP-BUILDER 虚拟现实编辑器：一款直接面向美工的虚拟现实软件，支持三维模型的导入和编辑、交互制作、界面设计等功能，可以快速制作出逼真的虚拟现实场景。

(2)VRPIE-3D 互联网平台:将虚拟现实编辑器的成果发布到互联网,允许用户进行三维场景的在线浏览和互动。

(3)VRP-PHYSICS 物理系统:遵循牛顿定律、动量守恒、动能守恒等物理原理,可以逼真地模拟出碰撞、重力、摩擦、粒子等物理现象。

(4)VRP-DIGICITY 数字城市平台:主要面向建筑设计、城市规划等相关部门,提供实时测量、日照分析等专业功能。

(5)VRP-INDUSIM 工业仿真平台:主要面向石油、电力、机械等行业,可以进行模型化、角色化、事件化的虚拟模拟,降低演练和培训成本。

(6)VRP-TRAVEL 虚拟旅游平台:通过互动形式加强导游、旅游规划等相关专业学生的学习兴趣和学习质量。

(7)VRP-MUSEUM 网络三维虚拟展馆:将传统展馆、虚拟现实及互联网技术相结合,人们可以通过互联网进行虚拟展馆的参观访问。

(8)VRP-SDK 三维仿真系统开发包:用户可以利用 C++源码级的开发函数库进行仿真软件的自行开发。

中视典公司于 2012 年推出了最新版本 VRP 12.0,其新增功能集成了增强现实技术,提供 VRP-MYSTORY 故事编辑器,支持在线烘焙、多人协作,同时允许数据手套、头戴式显示器、微软 Kinect 等硬件交互。

下面以 VRP 12.0 为例,分别介绍模型操作、相机操作、碰撞检测、骨骼动画、环境特效、3D 音效、灯光、粒子效果、全屏特效等 VRP 的基本功能。

6.1   VRP 界 面

VRP 界面如图 6.1 所示,从上至下大致可分为菜单栏、工具栏、工具面板和编辑区域 4 个部分。其中,编辑区域左侧为各工具面板的属性设置区域,在编辑区域右侧的物体属性面板中,可对被选中物体的材质、动作、灯光等属性进行设置。各部分的功能将在后续章节分别进行介绍。

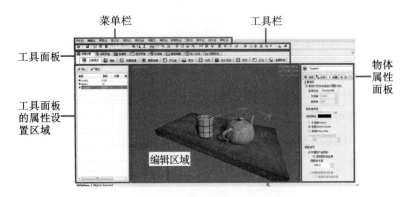

图 6.1　VRP 主界面

6.2　VRP-for-Max 导出插件安装

　　VRP-for-Max 导出插件可以将用户在 3ds Max 中制作的虚拟场景导入 VRP 编辑器。在 VRP 安装过程中将会提示选择本电脑上 3ds Max 的安装路径，随后会提示在 3ds Max 的工具面板（Utilities）下可以进行 VRP 导出插件的安装。以 3ds Max 2010 为例，VRP 安装成功后打开 3ds Max 2010，在其主界面右侧找到工具面板，单击 Sets 按钮右边的图标 Configure Button Sets。在出现的对话框的左边列表中选中［＊VRPPLATFORM＊］，将其拖动到右边任意一个按钮上，松开鼠标后在右边列表中出现［＊VRPPLATFORM＊］。关闭对话框后工具面板下出现新的选项［＊VRPPLATFORM＊］。

　　对于需要导出的 3ds Max 场景，可在工具面板中选择［＊VRPPLATFORM＊］，其下方出现 VRPOLATFORM 插件的功能选项。选择"导出"按钮，系统弹出对话框，给出导出模型总数、总面数等提示信息。如果导出前在功能选择中勾选了"相机"选项，则 Max 中设置的相机也会一同导出，弹出对话框中也会出现相应的相机个数等信息。单击"调入 VRP 编辑器"可以在 VRP 中打开该场景。

　　也可以在 VRP 编辑器中进行 VRP-for-Max 插件的安装。在 VRP 编辑器的"工具"菜单下选择"安装 VRP-for-Max 插件"，弹出对话框中要求用户设置 Max 的安装目录。余下的设置方法同上。用户还可以在 VRP 安装目录中找到 VRP-for-Max 插件的安装程序 VRP-for-3dsMax-Installer.exe，运行该程序也可以进行插件安装。

6.3　文　件　操　作

6.3.1　打开文件

选择"文件"菜单下的"打开 VRP 场景",在弹出对话框中选择相应的 vrp 文件并单击"打开",即可在 VRP 编辑器中打开该场景文件。也可以通过工具栏上的"打开"工具或快捷键 Ctrl+O 来打开 vrp 文件。

6.3.2　保存文件

选择"文件"菜单下的"保存"或"另存为",在弹出的对话框中可以设置保存的路径。如果选择"不复制外部资源文件"选项,则系统只保存当前 VRP 场景,并不会收集该场景中使用到的贴图、声音等资源。但当该 vrp 文件复制到其他电脑上时会发生资源文件找不到的现象,因此一般推荐选择"收集、复制所有外部资源文件到该 vrp 文件的默认资源目录"选项。其他关于文件、贴图格式、脚本资源等选项,一般选择"仅包含已启用的外部文件""不变""收集脚本资源"等推荐选项。设置好所有选项后,单击"保存"。在弹出的"脚本资源收集"对话框中选中需要打包到 exe 中的资源文件,单击"确定"即完成保存。

该场景以 vrp 格式保存在用户设置的保存路径下。同时系统生成一个贴图文件夹,该文件夹中包含场景中使用到的贴图、声音等资源文件。场景中的脚本被保存为 script 格式的脚本文件。

6.3.3　物体的导入/导出

1. 三维模型的导入/导出

在当前场景中选择"创建物体"面板下的"三维模型",然后选择"导入",在弹出对话框中选择需要导入的模型,单击"打开"即可将其导入当前场景。

也可以将当前场景中的某个模型导出为 vrp 文件。在模型列表中选中需要导出的模型,单击"导出",在弹出的"另存为"对话框中设置好文件名和保存路径，单击"保存"即可。

　　注意：该导入/导出功能只针对三维模型，二维界面、相机等物体的导入/导出需要在相应面板中另行设置。

2. 相机的导入/导出

　　(1)3ds Max 相机的导入。6.2 节中已介绍，3ds Max 场景导出为 vrp 文件时包含有 Max 相机的信息。该相机信息将会出现在 VRP 的"相机"面板下的相机列表中。相机类型默认为飞行相机，可以在右边的面板中修改相机类型及相应参数。

　　(2)VRP 相机的导入。"文件"菜单下的"导入"命令可以导入 vrp 类型的相机，该相机也会出现在"相机"面板下的相机列表中。

　　(3)相机的导出。在"相机"面板下的相机列表中选择需要导出的相机，在"文件"菜单下选择"导出选择的物体"即可。

3. 二维界面的导入/导出

　　选择"文件"菜单下的"导入物体"，在弹出菜单中选择需要导入的二维界面对应的 vrp 文件，单击"打开"即可将二维界面导入当前场景。

　　在主界面或"编辑界面"面板下的物体列表中选中所需导出的物体，选择"文件"菜单下的"导出选择的物体"，设置保存路径和文件名即可。

　　注意：若二维界面自带脚本，则将其导入三维场景中时脚本会丢失。为了保证二维界面脚本不丢失，一般建议将三维场景导入二维界面。

6.3.4　制作可执行的 exe 文件

　　选择"文件"菜单下的"编译独立执行 exe 文件"命令，在弹出对话框中设置文件名、路径、图标等信息，单击"开始编译"，编译完成后生成一个可执行的 exe 文件。

6.3.5　制作可网络发布的 vrpie 文件

　　选择"文件"菜单下的"输出为可网络发布的 vrpie 文件"命令，在弹出对话框中新建一个文件夹(注：为避免服务器拒绝加载中文字符，建议使用英文文件夹名），单击"确定"后场景开始发布。发布完成后双击该文件夹下的 html 文件，浏览器提醒安装 vrpie 插件。插件安装完成后就可在浏览器中查看该场景。若要供多人浏览则需将文件夹下的所有文件上传至服务器。

6.4　物体操作

1. 选择物体

方法 1：鼠标在编辑区域中双击可以选中模型。按下 Ctrl 键的同时双击鼠标可以同时选中多个模型。

方法 2：可以在"创建物体"/"三维模型"面板下的模型列表中单击选择某个模型。按下 Ctrl 或 Shift 键的同时单击列表中的模型可以同时选中多个模型。

方法 3：选择工具栏上的框选工具🔲，这时在编辑区域上方出现框选工具的两个选项下拉列表。一个下拉列表用于设置框选区域的形状（矩形、圆形或多边形），另一个下拉列表用于设置选取条件："包含"选项指完全位于框选区域内的物体才会被选中，"相交"选项指只要和框选区域有相交的物体都能被选中。

方法 4：在编辑区域或"创建物体"/"三维模型"面板下的模型列表中单击鼠标右键选择"选择"/"所有可见物体""所有隐藏物体"或"反选"。

2. 显示/隐藏物体

在"创建物体"/"三维模型"面板下的模型列表中单击模型前面的眼睛图标👁可以显示/隐藏该模型。

3. 复制物体

选中物体，选择"物体"菜单/"复制"或工具栏上的复制工具📋，或利用快捷键 Ctrl+V，都可以创建当前选中物体的副本。系统自动在副本名字后加"♯"以示区分。副本和原物体完全重合，可以通过移动操作来查看副本。

4. 物体的平移、旋转、缩放和镜像

选中物体，选择"物体"菜单/"移动"下的 4 个选项，或工具栏上的对应

工具，可以分别实现物体的平移、旋转、缩放、镜像等操作。这些操作方法和第 5 章中介绍的 3ds Max 中的操作方法类似，这里不再赘述。需要注意的是，做镜像操作时需要在编辑区域上方选择 X 轴、Y 轴或 Z 轴作为镜像坐标。

6.5　物　体　编　辑

除了在 3ds Max 中设置模型的材质、灯光、阴影等效果外，在 VRP 编辑器中同样可以对物体的材质、动作、动画、3D 音效、阴影等属性进行编辑。本节重点介绍材质和阴影的设置方法。

【例 6.1】如图 6.2 所示，为茶壶设置环境反射贴图和阴影效果，为茶杯设置自发光、高光及双面渲染效果，然后更换桌面的纹理贴图。

图 6.2　物体编辑示例

1)制作茶壶效果

(1)设置环境反射贴图。在编辑区域选中茶壶，在右侧物体属性面板的"材质"面板中单击"反射贴图"，勾选第一个选项，在弹出菜单中单击"选择"/"从 Windows 文件管理器"，选择一张环境图片，UV 通道设置为"曲面反射"。这时环境图片的内容就被反射到了茶壶表面。

单击贴图，在弹出对话框中选择"删除"可以删除该反射贴图。

提示 1："反射贴图"是一个非常实用的功能，它除了可以实现环境反射效果外，还可以快速实现木质、金属等材质。例如，如果选择的环境图片是一张带有金属效果的反射贴图，则原模型不用添加材质贴图就能通过"反射贴图"表现出金属质感。

提示 2：除了实现环境反射效果和特殊材质效果外，"反射贴图"还能快速制作假反射的镜子效果。例如，调整相机到合适位置，通过工具栏上的"高精度

抓图"按钮📷取得一张截图,在截图对话框中单击"编辑图像"下的 Photo-
shop,在 Photoshop 中将截图做水平翻转,然后在 VRP 中将这张图片作为镜子
模型的"反射贴图"即可。

　　提示 3:勾选贴图下的"透明"选项,可以通过调整不透明度实现玻璃等的
透明效果。

　　(2)设置混合系数。单击"混合模式",设置混合系数为 70(这里为了使反射
效果明显特意将混合系数设置得比较高)。

　　(3)添加灯光。为了实现阴影效果,需要添加一个平行光源。在工具面板中
单击"灯光",在编辑区域左侧的工具属性设置区域中单击"添加平行光源"按
钮,在其下方灯光列表中出现一个名为"Directional01"的平行光源。

　　(4)为物体设置阴影。在物体属性面板中通过单击"材质"面板右侧的箭头
按钮切换到最后一个阴影面板。在"全局选项"下勾选"使用灯光方向/自定义
阴影方向",单击"选择灯光"后的按钮,在弹出的列表中选择名为
"Directional01"的平行光源。在"阴影颜色"处将阴影设置为黑色(图 6.3)。

图 6.3　阴影设置

　　(5)单击工具栏上的运行工具▶,在 VRP 浏览器中通过拖动鼠标左键可以
动态查看环境反射贴图和阴影效果。

　　注意:如果贴图颜色过于暗淡或明亮,可以在物体属性面板的"材质"面板
下找到对应贴图,单击"色彩调整"按钮,在弹出对话框中对亮度、对比度等参
数进行调整。如果贴图过于密集或稀疏,可以参照本书 5.5.2 小节在 3ds Max 里
调整 UV 贴图。

　　2)制作茶杯效果

　　(1)设置双面渲染效果。在编辑区域选中茶杯,在右侧物体属性面板的"材

质"面板中单击"一般属性",勾选"双面渲染"。

(2)自发光材质的设置。在物体属性面板的"动态光照"下勾选"启用",单击"自发光"后的颜色块,在弹出的对话框中将自发光颜色设置为白色。同理可以通过 Ambient、Diffuse 和高光来调整自身颜色、漫反射颜色及高光颜色。通过加大"高光系数"可以加强高光效果。

注意:如果想更好地观察自发光效果,可以将环境颜色设置为黑色,在"编辑界面"面板下选择"绘图区",在右侧单击"贴图"/"颜色叠加"将环境颜色设置为黑色。

3)更换桌面的纹理贴图

在资源管理器中找到新的贴图,拖动到编辑区域的桌面物体上。若原贴图为第一层贴图,则在弹出菜单中选择"替换第一层贴图"。同理可以替换环境反射贴图。

例 6.1 中介绍了环境反射贴图、阴影效果、自发光、高光、双面渲染效果及纹理贴图的更换方法。接下来补充几个常用的物体修改操作。

4)贴图的修改

VRP 中可调用 Photoshop 软件中对纹理贴图和 3ds Max 生成的烘焙贴图进行修改。例如,如果想要修改 3ds Max 生成的阴影效果,需要在物体属性面板中的第一层或第二层贴图中单击 tga 贴图,在弹出菜单中选择"编辑图片"/"Photoshop. exe",自动在 Photoshop 中打开该烘焙贴图,修改阴影部分并保存后返回 VRP,单击工具栏上的"检查贴图更新"按钮 🔁 就能看到修改后的阴影效果。

如果显示的 Photoshop 的路径不正确,则单击弹出菜单中的"编辑图片"/"设置"重新定位 Photoshop 路径。

5)设置茶壶、茶杯在桌面的倒影效果

"反射贴图"可以实现环境在茶杯、茶壶上的倒影。和这个功能类似,利用位于"反射贴图"下方的"实时反射"功能可以实现茶杯、茶壶在桌面上的倒影。

利用工具栏上的框选工具 🔲 选中茶壶和茶杯,使用"显示物体编组"工具 🔣 将选中物体放到一个组里。

选中桌面,在其材质属性下勾选"反射贴图",其下方的 UV 通道设置为"CamPos"。在"反射贴图"下方"实时反射"中勾选"开启实时反射",单击其下方空白按钮，在弹出对话框中选择茶壶和茶杯所在组，此时桌面上出现茶壶和茶杯的倒影效果。

　　提示：前面提到过用"反射贴图"制作假反射的镜面效果。如果将场景中除镜子以外的物体放到一个组里，开启镜子的"实时反射"功能并设置反射组，就可以制作出真实的镜面反射效果。

6.6　相机操作

　　到目前为止我们制作出的场景都是静态的，若想要实现动态漫游功能，则需在场景中添加相机。

　　虚拟现实平台软件通常都会提供多种类型的相机，可以为相机设置不同的观察角度，其中最常用的是第一人称、第三人称和鸟瞰相机。第一人称相机是模拟虚拟角色和在场景中漫游的效果，用户所看到的画面和角色与在场景中看到的画面是一致的，有较好的沉浸感。最常见的第三人称相机是游戏中虚拟角色的跟踪相机。鸟瞰相机实现的是鸟瞰的效果，有助于获取整个场景的信息。为方便用户自主漫游，系统一般需要提供多个相机以及这些相机之间的切换功能。

　　单击"相机"面板，可以看到 VRP 提供行走相机、飞行相机、绕物旋转相机、角色控制相机、跟随相机、定点观察相机和动画相机 7 种相机类型(图 6.4)。在虚拟漫游应用中，前 4 种相机需要用户主动控制，后 3 种可以实现系统自动漫游，不需要用户干预。下面具体介绍各种相机的创建方法。

图 6.4　VRP 提供的相机类型

6.6.1　行走相机

行走相机相当于第一人称相机，通过控制加载在一个人形物体上的相机来实现虚拟漫游(图6.5)。单击"相机"面板下的"行走相机"按钮，在弹出对话框中可修改相机的名称。单击"确定"后在左侧相机列表中出现该行走相机。相机的相关参数可以在右侧属性面板中进行修改。

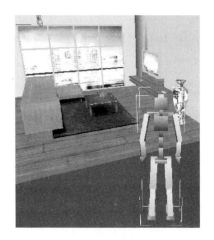

图 6.5　行走相机

第一栏"基本参数"中，"水平视角"用于设置水平角度可视范围，一般可设置为70°～75°。"近裁剪面"和"远裁剪面"分别为相机视角最近和最远的裁剪距离，去掉"自动"前的勾选可进行自定义设置。

"移动速度"中可自定义相机的移动速度。

"形状、碰撞"中可以通过"身高"定义人形物体的视角高度，为模拟人在虚拟环境中的漫游效果，一般设置正常人的身高为1700～2000mm。默认的"模式"为"行走"模式，默认开启碰撞检测。在第二种"飞行"模式下可以选择是否"开启碰撞检测"和"相机自动落地"。

"立体视觉"一栏通过设置双眼间距、焦点视距等参数增强相机的立体视觉效果。

编辑状态下单击P键可退出当前相机。单击工具栏上的"运行"工具，在VRP浏览器中可通过方向键控制相机漫游。

6.6.2　飞行相机

飞行相机可实现鸟瞰效果。单击"相机"面板下的"飞行相机"按钮,在弹出对话框中可修改相机的名称。其参数设置方法同本书 6.6.1 小节。

在左侧相机列表中双击相机可实现相机状态的切换,选中某个相机,单击鼠标右键可实现隐藏、删除等操作。

6.6.3　绕物旋转相机

绕物旋转相机实现围绕一个物体旋转的漫游方式。单击"相机"面板下的"绕物旋转相机"按钮,在弹出对话框中可修改相机的名称。其参数设置方法同本书 6.6.1 小节,其中最重要的是在"旋转参数"中设置参照物以指定相机绕着哪个物体旋转:单击"旋转中心参照物"下方的"None"按钮,在编辑区域中的目标物体上单击鼠标左键,参照物拾取成功后"None"按钮的名称变为该物体名称。"最低高度"为相机向下旋转的最低高度,若设置为 0 则表示最低能旋转到地面。在 VRP 浏览器中可通过方向键查看绕物旋转效果。

6.6.4　角色控制相机

角色控制相机相当于第三人称相机,通常用于角色跟踪。单击"相机"面板下的"角色控制相机"按钮,在弹出对话框中可修改相机的名称。其参数设置方法同本书 6.6.1 小节,其中最重要的是单击"跟踪控制"下的"选择跟踪物体"后的按钮,在弹出对话框中选择一个物体作为跟踪对象。

6.6.5　跟随相机

跟随相机可以将相机绑定到某个物体上,物体运动时相机会自动跟随物体一起运动。例如,将跟随相机绑定到驾驶室的司机位置就可以实现虚拟驾驶效果。单击"相机"面板下的"跟随相机"按钮,在弹出对话框中可修改相机的名称。其参数设置方法同本书 6.6.1 小节,其中最重要的是单击"跟随属性"下的"选择跟踪物体"后面的按钮,在弹出的对话框中选择一个物体作为跟踪对象。通过

"基本参数"下的"水平视角"和"跟随属性"下的"跟踪物体视点高度"可以调整相机的视野范围。

6.6.6　定点观察相机

使用定点观察相机可以将相机目标点始终固定在物体上，适用于运动物体的跟踪。单击"相机"面板下的"定点观察相机"按钮，在弹出对话框中可修改相机的名称。其参数设置方法同本书 6.6.1 小节，其中最重要的是单击"定点观察属性"下的"选择跟踪物体"，在弹出对话框中选择一个物体作为跟踪对象。

6.6.7　动画相机

前面介绍过，在虚拟漫游应用中，行走相机、飞行相机、绕物旋转相机和角色跟踪相机需要用户主动控制，跟随相机和定点观察相机可以自动跟随运动物体而不需要用户干预。最后一类动画相机属于系统自动漫游类型的相机，可以按照预先设定好的路线进行漫游。

1. 创建动画相机

单击"相机"面板下的"定点观察相机"按钮，按照弹出对话框的提示，先按 F5 进入运行界面，然后按 F11 开始录制相机动画。可以通过键盘和鼠标进行漫游，同时结合"+""−"键控制漫游速度。录制完成后按 F11，弹出对话框提示是否保存，单击"是"则将刚才的漫游路线自动保存到相机中，可在新的弹出对话框中修改相机名称。回到主界面会发现左侧的相机列表中出现了刚才创建的相机名称及时长。在相机列表中双击选中动画相机，按 F5 进行播放。在播放过程中通过空格键可控制动画的暂停和播放。

2. 导出动画相机 AVI 序列帧

在动画相机播放状态下单击"工具"/"动画相机 AVI 序列帧导出"，在弹出菜单中设置导出参数，一般将导出帧速率设为 25 帧/秒，在序列帧输出目录处可以设置导出序列帧的输出路径和名称。单击"开始导出"后启动导出功能，导出的一系列图片可用于后期动画制作等。

6.6.8　多台相机的控制

1. 隐藏/显示相机

在相机列表中，每台相机的名称前都有一个代表其相机类型的图标，单击该图标可以实现相机的隐藏/显示。如图 6.6 所示，该列表中隐藏了行走相机。

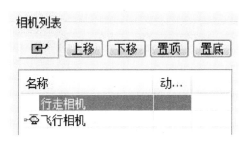

图 6.6　隐藏相机

2. 调整相机顺序

在相机列表中选择某台相机，通过图 6.6 中的"上移""下移""置顶"和"置底"按钮可以调整相机顺序。

3. 相机切换

在编辑状态下，有三种方法可实现多个相机间的切换。

方法 1：双击左侧相机列表中的相机可切换到该相机状态下。

方法 2：按下 C 键，在弹出的相机列表对话框中用鼠标选取另一个相机。

方法 3：按下">"或"<"键切换到上一个、下一个相机。

在播放状态下可以使用上述方法 2 和方法 3 实现多个相机间的切换。

6.7　碰　撞　检　测

只有物体正确设置了碰撞检测，在行走相机播放过程中才不会出现穿墙而过等错误现象。在编辑区域按下 Ctrl＋A 全选所有物体，在"碰撞检测"面板下单击"开启"，此时其上方列表中所有物体的碰撞类型显示为"开启"（图 6.7）。然后再次运行行走相机会发现原来碰到障碍物会穿越而过的问题解决了。

图 6.7　开启碰撞检测

单击图 6.7 中的"显示碰撞场景",系统将没有设置碰撞属性的物体自动隐藏。在该列表中选中某个物体,再单击碰撞方式下的"无"就可以取消碰撞检测。如选择"与可见性一致"则物体在隐藏状态下不具备碰撞属性。

6.8　骨 骼 动 画

利用 VRP 角色库中提供的多个默认角色可以制作出跑步、跳舞等角色动画效果。如果想要自己创建角色,首先需要在 3ds Max 中制作好角色模型,然后利用 Create 面板/System(系统)面板/Biped 两足骨骼为角色模型创建骨骼,最后利用 Modify 面板/Physique(体格)/Envelope(蒙皮)完成角色模型和骨骼的绑定。

【例 6.2】在场景中设置一个跑步的角色动画。

分析:首先需要从角色库中载入一个角色,为其添加一个跑步动画,然后绘制一条路径,把角色和路径绑定在一起即可实现沿路径跑步的效果。

1. VRP 角色库中角色的载入

在"骨骼动画"面板下单击"角色库…",从弹出对话框中双击一个角色可将其导入 VRP 场景。

2. 角色的调整

如果导入角色的位置、尺寸不合适，可以通过工具栏上的缩放、平移、旋转等工具对其进行调整。

3. 为角色添加动作

双击选中角色，在右侧属性面板中单击"动作"面板下的"动作库…"，在弹出对话框中选择一个动作，右键选择"引用"，即为该角色添加该动作。在右侧动作列表中选择该动作，右键选择"设为默认动作"。运行后可看到角色动作。

4. 创建角色行走路径

在"形状"面板中单击"创建形状"下的"折线路径"，弹出对话框提示需要按住 Ctrl 键结合鼠标来创建路径。在编辑区域创建好路径后，双击鼠标左键完成路径创建，新路径出现在左侧形状列表中。双击该路径，在右侧属性列表中可以选中路径上的某一结点，单击"添加锚点"，系统自动在该点前添加一个新结点。

为了将该路径赋给角色，需要在右侧属性列表中单击"路径运动选择"下的"绑定物体选择"后的按钮，在弹出对话框中选择一个角色即可。图 6.8 中利用 VRP 系统角色库和动作库制作了一个跑步的小男孩角色，并将该角色和路径绑定。单击"预览"可查看角色沿路径跑动的动画效果。如果速度过慢可以调整"绑定物的位移速率"，如果动作不够自然可以拖动"路径平滑系数"滑块来调整路径的平滑度。路径调试通过后，可以在左侧形状列表中单击该路径名称前的图标将其隐藏。

图 6.8　创建角色行走路径

注意：如果角色自身没有相应的行走、跑动等动作，则角色只会按照指定路径平移，没有相应的行走、跑动等动作，就会显得不自然。所以一定要在角色上添加相应的行走、跑步等动作。

5. 创建角色锚点事件

【例6.3】在例6.2的基础上修改角色动画，当角色跑动到沙发背后的时候做一段其他动作再继续沿路径跑动。

分析：本例需要为角色创建锚点事件并在VRP脚本编辑器中插入相应语句，待角色跑动到某一锚点时触发锚点事件，暂停原有动作，待新动作播放完后，再继续播放原有动作。

(1)为角色添加新动作(如"挥手交谈")。在右侧动作列表中出现该动作，注意该动作序号为1，时长为10秒。

(2)暂停路径动画。双击路径上的某一个锚点，在右侧"动作"面板中单击"锚点事件"下的"脚本"，进入VRP脚本编辑器。由于首先要暂停路径动画，所以单击"插入语句"，在弹出的命令行编辑器中选择"形状"/"路径动画暂停"，单击"路径名称"后的按钮选中对应路径path01，在"选项"下拉列表中选择"1＝暂停"(图6.9)。单击"确定"后脚本编辑器中自动生成一条命令"路径动画暂停，path01，1"(图6.10)。单击"保存"后可查看运行效果，会发现角色运动到该锚点时停止向前，原地跑动。

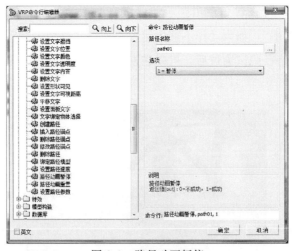

图6.9　路径动画暂停

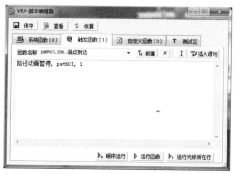

图 6.10　脚本编辑器

（3）插播新动作。选中锚点，单击右侧"锚点时间"下的"脚本"，在弹出的脚本编辑器已有语句尾部单击回车键，单击"插入语句"，在弹出的命令行编辑器中选择"骨骼动画"/"插播骨骼动作"，单击"选择一个骨骼模型"后的按钮，在弹出对话框中选择角色，将 ID、播放次数和权重都设置为 1(ID=1 表示需要插播序号为 1 的动作，即"挥手交谈"动作)。单击"保存"后可查看运行效果，发现角色运动到锚点后停止跑步动作，开始挥手交谈，完成后原地继续跑步动作。这是由于在步骤 2 中将路径动画暂停的缘故。

（4）在锚点的脚本编辑器中选择"自定义函数"，单击"新建"，在弹出对话框中为其命名。单击"插入语句"，在弹出的命名行编辑器中选择"形状"/"路径动画暂停"，选择路径，将"选项"设置为"0=继续"。返回脚本编辑器，在当前语句末尾回车，单击"插入语句"，选择"骨骼动画"/"只播放默认动作"，单击"选择一个骨骼模型"后的按钮，在弹出对话框中选择角色。单击"保存"后可查看运行效果，发现在播放完锚点动作后还是原地继续默认的跑步动作，这是由于没有时间控制的缘故。

注意：这两句语句要放在自定义函数(图 6.11)中而非锚点脚本中。

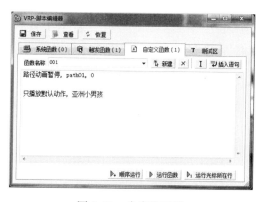

图 6.11　自定义函数

(5)设定定时器。在锚点的脚本编辑器中单击"插入语句",在弹出的命令行编辑器中选择"杂项"/"设置定时器",在"定时器 id"一栏为定时器设定序号,"定时器类型参数"设为"0=执行一次","定时器执行的间隔时间"设为"挥手交谈",时长 10000 毫秒,"定时器调用函数"设为自定义函数名(图 6.12)。

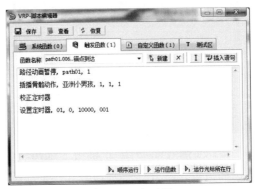

图 6.12　定时器

6. 换装

【例 6.4】 在例 6.3 的基础上实现对非角色物体运动的键盘控制。

分析:如果要实现的是角色运动的键盘控制,则新建一个角色控制相机,将其属性面板/"跟踪控制"下的跟踪物体设置为某一角色即可。但是这种方法不适用于非角色物体。如果想要实现非角色物体运动的键盘控制,则需要将其和某个角色绑定,再由角色控制相机控制角色运动来间接实现对非角色物体的控制。这个功能叫做"换装"。

(1)选择需要换装的角色,将其中心点和需要绑定的物体重合。

(2)选择角色,在其属性面板/"换装"下单击"模型绑定"下的按钮,在弹出对话框中选择需要绑定的物体,确定后返回属性面板,在下拉列表中选择骨骼"0:Bip01",单击"添加为绑定点"(图 6.13)。在其下方列表中出现该绑定点,右键选择"应用绑定点",再右键选择"设置为完全绑定"。

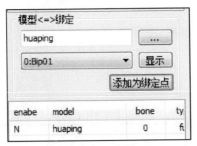

图 6.13　换装

（3）创建角色控制相机，将相机的跟踪物体设为角色。运行后就能实现对物体的控制。

6.9　环　境　特　效

VRP 中提供了天空盒、雾效、太阳等环境特效。本节将依次介绍这三种环境特效的制作方法。

6.9.1　天空盒

天空盒相当于给当前场景覆盖上天空、房间等环境效果，可增强场景的真实感。单击 VRP 中的"天空盒"面板，在左侧天空盒列表中出现 VRP 系统提供的多种天空盒效果。

1. 使用系统提供的天空盒

在天空盒列表中双击一个天空盒即为当前场景添加了该天空盒效果。图 6.14 选择的是城市外景天空盒，在漫游过程中透过窗户能看到实时变化的室外景色。

图 6.14　天空盒

例 6.1 中只实现了物体表面的环境反射效果，但是并没有在场景中显示周围的环境。为了使环境效果更为逼真，可以在场景中添加天空盒，并将天空盒顶面贴图作为反射贴图，这样可以使模型表面显示的环境反射图和周围环境相吻合。

2. 自定义天空盒

　　如果需要制作自定义天空盒，则需要在 3ds Max 中创建好天空模型，布置好灯光，渲染测试通过后，在场景中添加一个球体，给其附上带有反射折射效果的标准材质，设置好 6 张天空盒图片的输出路径后，系统自动生成 6 张天空盒图片。在图 6.14 中左侧选择"新建"，在弹出对话框中依次设置好 6 张天空盒图片，然后单击"存入样式库"，这时在主界面左侧的天空盒列表中就出现了自定义的天空盒效果。

6.9.2　雾效

　　雾效是 VRP 提供的另一种环境特效。单击 VRP 中的"雾效"面板，在左侧面板中单击"开启"，然后可设置雾的颜色、开始及结束距离，使雾效具有景深感(图 6.15)。

图 6.15　雾效

6.9.3　太阳

1. 使用系统提供的天空盒

　　为制作如图 6.16 所示的太阳光晕效果，可单击"太阳"面板，在左侧样式列表中双击一个太阳效果，调整其方向和高度，即可实现太阳光晕的效果。

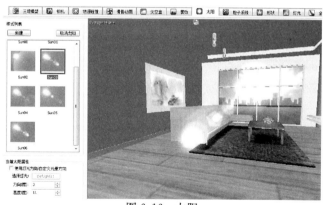

图 6.16　太阳

注意：太阳方向应和物体的阴影方向一致，如果天空盒中也有太阳，为避免出现两个太阳，需要调整天空盒的旋转角度或太阳的角度及高度，使其重合。

2. 自定义太阳光晕效果

首先需要在 Photoshop 中制作出太阳图片，在图 6.16 所示界面左侧"样式列表"下单击"新建"，在弹出对话框中选择太阳图片并调整其光晕大小。单击"加入光晕"可加入另一个太阳贴图，调整光晕的大小、位置，保存后该自定义太阳光晕效果就会出现在样式列表中。

6.10　其 他 功 能

除了前面章节介绍的功能外，VRP 还提供 3D 音效、灯光、粒子效果、特效等功能。

6.10.1　3D 音效

选中一个物体，在右侧的属性面板中找到"3D音效"面板，单击"声音参数设置"中"声音文件"后的按钮，在弹出对话框中选择一个 wav 格式的声音文件（图 6.17）。VRP 提供三种"音效模式"：标准模式、立体模式和纯音乐模式。通过"最近距离"和"最远距离"可调节音效范围，在场景中分别表

图 6.17　3D 音效的参数设置

现为红色和蓝色的球体。"运行时自动播放"为默认勾选项,也可以在脚本编辑器中使用"音乐"选项下的命令行来设置音乐触发事件。在"全局参数设置"中,声效衰减因子的默认值为 5,其大小和声效衰减的程度成正比。多普勒因子主要影响变调效果,默认值为 0。

6.10.2　灯光

VRP 提供三种灯光:平行光源、聚光灯、点光源,功能和 3ds Max 类似,这里就不再一一赘述。在"灯光"面板下左侧列表中单击"添加平行光源",在右侧面板中可设置光源属性、光照颜色、平行光的方位和高度等参数(图 6.18)。

图 6.18　灯光的参数设置

6.10.3　粒子效果

粒子效果用于模拟炸弹爆炸、火焰喷射、水花四溅等效果。选择"粒子系统"面板,在左侧列表中单击"粒子库",可以在弹出列表中选择一个粒子效果加载到场景中。在右侧属性面板中可以单击"绑定模型选择"后的按钮,将粒子效果绑定到某个物体上,也可以勾选"开启触发控制",设置触发事件或触发函数。)

6.10.4 特效

VRP 提供径向模糊、马赛克、水彩等多种全屏特效，单击"全屏特效"面板，在左侧列表中单击"添加"，选中一种特效后，可以在右侧属性面板中进行参数设置。也可以在"特效"菜单中进行特效制作。该菜单下一共提供 7 种特效，其设置方法相同：先选择"特效"菜单下的某个特效选项，然后选择"配置"，在弹出对话框中调整相应参数。

(1)图像调整用于调节图像的亮度、对比度、Gamma 这三个参数。

(2)Bloom 和全屏泛光用于制作朦胧效果。

(3)HDR(高动态范围)利用超出普通范围的颜色值渲染出更加逼真的场景。

(4)景深用于制作近处清晰、远处模糊的特效。

(5)运动模糊用于模拟物体的运动模糊效果。

(6)艺术用于制作老电视、毛玻璃、马赛克和黑白 4 种特效。

VRP 功能强大，由于篇幅所限，本章只简要介绍了模型操作、相机、碰撞检测、骨骼动画、环境特效、3D 音效、灯光、粒子效果、全屏特效等基本功能。其他如编辑界面、数据库、控件界面、物理系统、脚本编辑器等高级功能，读者可自行参考中视典公司提供的视频教程和帮助文件。

习　　题

(1)熟悉 VRP-for-Max 插件的安装方法，将一个 3ds Max 场景导入 VRP。

(2)练习三维模型、相机和二维界面的导入/导出方法。

(3)将一个 VRP 场景输出为可执行的 exe 文件，双击查看 exe 文件执行效果。

(4)将一个 VRP 场景输出为可网络发布的 vrpie 文件并在浏览器中进行查看。

(5)复制当前场景中的某个物体，对其副本做平移、旋转、缩放和镜像操作。

(6)仿照例 6.1 为物体制作环境反射贴图、阴影效果、自发光、高光及双面渲染效果，然后更换物体的纹理贴图。

(7)简述 VRP 提供的 7 种相机类型各自的特点和用途。构建一个虚拟场景，在其中实现这 7 种相机功能。

(8)为场景添加碰撞检测功能。

(9)在场景中添加角色并为角色设置行走路径、锚点事件和换装效果，令相机跟随角色运动。

(10)为场景添加天空盒和雾效，通过将天空盒的顶面贴图设置为反射图片来提高场景的真实感，然后添加自定义的太阳光晕效果。

(11)为场景添加 3D 音效、灯光、粒子效果和特效。